国家中等职业教育改革发展示范学校建设项目系列教材

数控车削加工与编程
——典型模具零件加工实训

曾祥海　侯培　主编

化学工业出版社

·北京·

本书内容涵盖数控车削加工岗位职业素养、车工工艺、数控车削加工工艺、数控车削加工技能等知识。全书分为两部分，第一部分是数控车床加工基本知识，第二部分是数控车削加工实训项目，共 6 个实训项目，包括芯轴（台阶轴）的加工，热芯盒定位销（锥面圆弧轴）的加工，模板定位销（螺纹结构轴）的加工，衬套（套类零件）的加工，射嘴、吊耳（沟槽件）的加工和综合配合件的加工，通过本书的教学，将培养学生具备数控车工岗位的基本技术能力。

　　本书适用于中等职业技术学校、高级技工学校机械类相关专业教学使用。

图书在版编目（CIP）数据

数控车削加工与编程——典型模具零件加工实训/
曾祥海，侯培主编. —北京：化学工业出版社，2015.5
国家中等职业教育改革发展示范学校建设项目系列教材
ISBN 978-7-122-23544-2

Ⅰ. ①数… Ⅱ. ①曾… ②侯… Ⅲ. ①模具-零部
件-数控机床-车床-加工-中等专业学校-教材②模具-
零部件-数控机床-车床-程序设计-中等专业学校-教
材 Ⅳ. ①TG760.6

中国版本图书馆 CIP 数据核字（2015）第 067812 号

责任编辑：王听讲　　　　　　　　　　　装帧设计：王晓宇
责任校对：吴　静

出版发行：化学工业出版社（北京市东城区青年湖南街 13 号　邮政编码 100011）
印　　装：三河市延风印装有限公司
787mm×1092mm　1/16　印张 8　字数 195 千字　　2015 年 7 月北京第 1 版第 1 次印刷

购书咨询：010-64518888（传真：010-64519686）　　售后服务：010-64518899
网　　址：http://www.cip.com.cn
凡购买本书，如有缺损质量问题，本社销售中心负责调换。

定　　价：20.00 元

前 言 FOREWORD

　　本书从数控车工岗位人员职业能力出发，以国家最新颁布的《一体化课程教学标准开发技术规程》为指导，适应国家中职示范校建设模具制造技术专业教学改革的要求编写的。全书内容定位紧扣"以学生为中心，以工作任务为载体，以能力为本位，以就业为导向"的职业教学目标，坚持"够用、适用、实用"的原则，按照中职学生职业成长规律，采取项目任务化的编写方式，把数控车工工艺知识与专业技能有机、有序地结合在一起，改变了专业学科知识抽象难懂的状况，提高学生的学习兴趣和效率，最大程度地满足学生就业的需要。

　　本书是模具制造技术专业的核心课程教材。本书内容涵盖数控车削加工岗位职业素养、车工工艺、数控车削加工工艺、数控车削加工技能等知识。全书分为两部分，第一部分是数控车床加工基本知识，第二部分是数控车削加工实训项目，共 6 个实训项目，包括芯轴（台阶轴）的加工，热芯盒定位销（锥面圆弧轴）的加工，模板定位销（螺纹结构轴）的加工，衬套（套类零件）的加工，射嘴、吊耳（沟槽件）的加工和综合配合件的加工，通过本书的教学，将培养学生具备数控车工岗位的基本技术能力。

　　本书的基本学习思路是：接到任务→分析任务→组建团队→制定工作计划→学习新知识、新技能→拟定工艺→编制程序→试制零件→质检→优化工艺、程序→批量加工→成果展示和学习总结。学生可以利用网络查询电子信息资源、教学资源等工具完成学习任务，从而培养学生具有岗位职业素养、动手操作、逻辑思维和解决问题等能力。

　　本书适用于高级技工学校、中等职业技术学校机械类相关专业教学使用。

　　本书由曾祥海、侯培主编并定稿，参与编写的人员还有：陆曲波、丘海宁、邓德轩、宁良辉、李昌兰、赵玉忠、王永健和黄勇金。

　　本书在编写过程中得到了许多专业教师、企业专家、行业专家、职教专家的指导和帮助，谨向他们表示诚挚的谢意。

　　由于编者水平有限，不妥之处在所难免，恳请读者批评指正。

编 者
2015 年 3 月

目 录 CONTENTS

第一部分

数控车床加工基本知识

第一章 数控车床基本知识

　　随着社会生产的发展和科学技术的进步，特别是计算机技术的应用越来越广泛，机械产品日趋精密复杂，且批量不大，普通机床已不能适应这些要求。计算机技术与普通机床的结合产生了数控机床，数控机床的产生是机械工业发展中的一次伟大的技术革新，它标志机械加工从手动操作加工向自动加工的转变。数控车床具有操作简单易学、适应性广和价格便宜的特点，是应用最广泛的一种数控机床，数控车床也是学习其他数控机床的基础。

第一节　认识数控车床

一、数控车床的功能及结构

1. 数控车床的结构特点

　　从总体上看，数控车床没有脱离卧式车床的结构形式，其结构上仍然是由主轴箱、刀架、进给系统、床身以及液压、冷却、润滑系统等部分组成，只是数控车床的进给系统与卧式车床的进给系统在结构上存在着本质的差别。卧式车床的进给运动是经过交换齿轮架、进给箱、溜板箱传到刀架，实现纵向和横向进给运动的，而数控车床是采用伺服电动机经滚珠丝杠传到滑板和刀架，实现 Z 向（纵向）和 X 向（横向）进给运动，其结构较卧式车床大为简化。图 1-1-1 为数控车床的结构示意图。由于数控车床刀架的两个方向运动分别由两台伺服电动机驱动，所以它的传动链短，不必使用交换齿轮、光杠等传动部件。伺服电动机可以直挂，与丝杠连接带动刀架运动，也可以用同步齿形带连接。多功能数控车床一般采用直流或交流主轴控制单元来驱动主轴，按控制指令作无级变速，所以数控车床主轴箱内的结构也比卧式车床简单得多。

　　综上所述，数控车床机械结构特点如下。

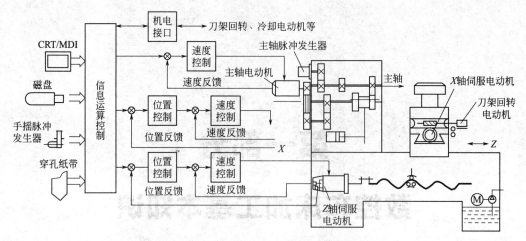

图 1-1-1　数控车床结构示意图

（1）采用高性能的主轴部件，具有传递功率大、刚度高、抗振性好及热变形小等优点。

（2）进给伺服传动一般采用滚珠丝杠副、直线滚动导轨副等高性能传动件，具有传动链短、结构简单、传动精度高等特点。

（3）高档数控车床，有较完善的刀具自动交换和管理系统。工件在车床上一次安装后，能自动地完成工件多道加工工序。

2. 数控车床的布局

数控车床的主轴、尾座等部件相对床身的布局形式与卧式车床基本一致，但刀架和床身导轨的布局形式却发生了根本的变化。这是因为刀架和床身导轨的布局形式不仅影响机床的结构和外观，还直接影响数控车床的使用性能，如刀具和工件的装夹、切屑的清理以及机床的防护和维修等。

数控车床床身导轨与水平面的相对位置有以下四种布局形式。

（1）水平床身［图 1-1-2（a）］　水平床身的工艺性好，便于导轨面的加工。水平床身配上水平放置的刀架可提高刀架的运动精度。但水平刀架增加了机床宽度方向的结构尺寸，且床身下部排屑空间小，排屑困难。

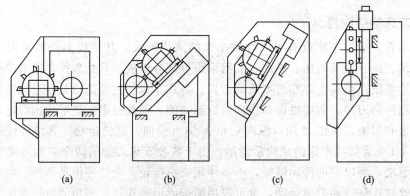

| (a) | (b) | (c) | (d) |

图 1-1-2　数控车床的布局形式

（2）水平床身斜刀架［图 1-1-2（b）］　水平床身配上倾斜放置的刀架滑板，这种布局形式的床身工艺性好，机床宽度方向的尺寸也较水平配置滑板的要小，且排屑方便。

（3）斜床身 ［图 1-1-2（c）］　斜床身的导轨倾斜角度分别为 $30°$、$45°$、$75°$。它和水平床身斜刀架滑板都具有排屑容易、操作方便、机床占地面积小、外形美观等优点，因而被中小型数控车床普遍采用。

（4）立床身 ［图 1-1-2（d）］　从排屑的角度来看，立床身布局最好，切屑可以自由落下，不易损伤导轨面，导轨的维护与防护也较简单，但机床的精度不如其他三种布局形式的精度高，故运用较少。

3. 数控车床的功能

数控车床又称 CNC 车床，能自动地完成对轴类与盘类零件内外圆柱面、圆锥面、圆弧面、螺纹等切削加工，并能进行切槽、钻孔、扩孔和铰孔等工作（图 1-1-3）。数控车床具有加工精度稳定性好、加工灵活、通用性强，能适应多品种、小批生产自动化的要求，特别适合加工形状复杂的轴类或盘类零件。

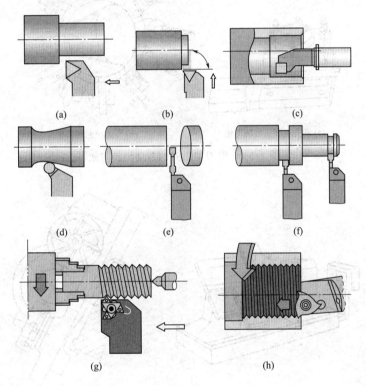

图 1-1-3　数控车床的功能

二、数控车床的分类

数控车床品种繁多、规格不一，可按如下方法进行分类。

1. 按数控车床主轴位置分类

（1）立式数控车床：立式数控车床的主轴垂直于水平面，并有一个直径很大的圆形工作台，供装夹工件用。主要用于加工径向尺寸较大、轴向尺寸较小的大型复杂零件。

（2）卧式数控车床：卧式数控车床的主轴轴线处于水平位置，它的床身和导轨有多种布局形式，是应用最广泛的数控车床。

2. 按加工零件的基本类型分类

（1）卡盘式数控车床：这类数控车床未设置尾座，主要适于车削盘类（含短轴类）零件，其夹紧方式多为电动液压控制。

（2）顶尖式数控车床：这类数控车床设置有普通尾座或数控尾座，主要适合车削较长的轴类零件及直径不太大的盘、套类零件。

3. 按刀架数量分类

（1）单刀架数控车床：普通数控车床一般都配置有各种形式的单刀架，如四刀位卧式回转刀架，如图 1-1-4（a）所示；多刀位回转刀架，如图 1-1-4（b）所示。

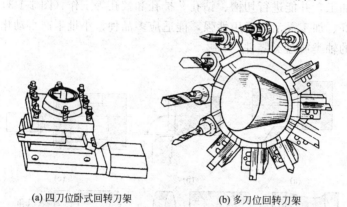

(a) 四刀位卧式回转刀架　　　　　　(b) 多刀位回转刀架

图 1-1-4　单刀架形式的自动回转刀架

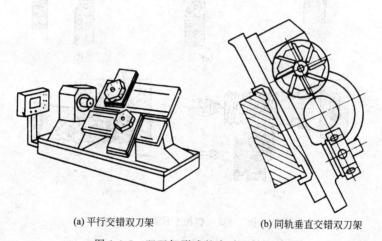

(a) 平行交错双刀架　　　　　　(b) 同轴垂直交错双刀架

图 1-1-5　双刀架形式的自动回转刀架

（2）双刀架形式的数控车床：双刀架形式的自动回转刀架（图 1-1-5），分为平行交错双刀架和同轴垂直交错双刀架两种。

4. 按数控车床的档次分类

（1）简易数控车床。简易数控车床一般是用单板机或单片机进行控制，属于低档次数控车床。机械部分由卧式车床略作改进而成。主电动机一般不作改动，进给多采用步进电动机，开环控制，四刀位回转刀架。简易数控车床没有刀尖圆弧半径自动补偿功能，所以编程时计算比较繁琐，加工精度较低。

（2）经济型数控车床。经济型数控车床一般有单显 CRT、程序储存和编辑功能，属于中档次数控车床。多采用开环或半闭环控制。它的主电动机仍采用普通三相异步电动机，所以它的缺点是没有恒线速度切削功能。

（3）全功能数控车床。全功能（或多功能）数控车床主轴一般采用能调速的直流或交流主轴控制单元来驱动，进给采用伺服电动机，半闭环或闭环控制，属于较高档次的数控车床。多功能数控车床具备的功能很多，特别是具备恒线速度切削和刀尖圆弧半径自动补偿功能。

（4）高精度数控车床。高精度数控车床主要用于加工类似 VTR 的磁鼓、磁盘的合金铝基板等，需要镜面加工，并且形状、尺寸精度都要求很高的零部件，可以代替后续的磨削加工。这种车床的主轴采用超精密空气轴承，进给采用超精密空气静压导向面，主轴与驱动电动机采用磁性联轴器等。床身采用高刚性厚壁铸铁，中间填砂处理，支撑也采用空气弹簧三点支撑。总之，为了进行高精度加工，在机床各方面均采取了很多措施。

（5）高效率数控车床。高效率数控车床主要有一个主轴、两个回转刀架及两个主轴、两个回转刀架等形式，两个主轴和两个回转刀架能同时工作，提高了机床加工效率。

（6）车削中心。在数控车床上增加刀库和 C 轴控制后，除了能车削、镗削外，还能对端面和圆周面上任意部位进行钻、铣、攻螺纹等加工；而且在具有插补的情况下，还能铣削曲面，这样就构成了车削中心，如图 1-1-6 所示。它是在转盘式刀架的刀座上安装上驱动电动机，可进行回转驱动，主轴可以进行回转位置的控制（C 轴控制）。车削加工中心可进行四轴（X、r、Z、C）控制，而一般的数控车床只能两轴（X、Z）控制。

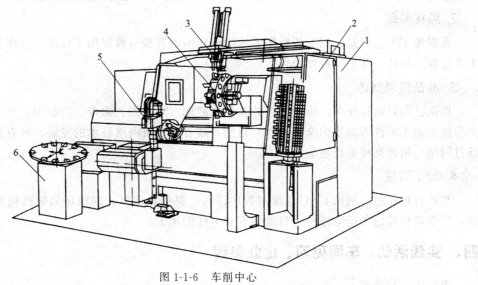

图 1-1-6　车削中心
1—车床主机；2—刀库；3—自动换刀装置；4—刀架；5—工件装卸机械手；6—载料机

车削中心的主体是在数控车床上配刀库和换刀机械手，它与数控车床单机相比，自动选择和使用刀具数量大大增加。但是，卧式车削中心与数控车床的本质区别并不在刀库上，它还应具备如下两种先进功能：一种是动力刀具功能，如铣刀和钻头，通过刀架内部结构，可使铣刀、钻头回转；另一种是 C 轴位置控制功能，C 轴是指以 Z 轴（对于车床是卡盘与工件的回转中心轴）为中心的旋转坐标轴。位置控制原有 X、Z 坐标，再加上 C 坐标，就使车床变成三坐标两联动轮廓控制。例如，圆柱铣刀轴向安装，X—C 坐标联动，就可以在工件端面铣削；圆柱铣刀径向安装，$Z-C$ 坐标联动，就可以在工件外径上铣削。这样，车削中心就能铣削出凸轮槽和螺旋槽，如图 1-1-7 所示。

图 1-1-7 车削中心 C 轴加工能力

（7）FMC 车床。FMC 车床是一个由数控车床、机器人等构成的一个柔性加工单元。它除了具备车削中心的功能外，还能实现工件的搬运、装卸的自动化和加工调整准备的自动化。

三、数控车床操作工的工作步骤

数控车床操作工的工作任务是加工零件，通常经过以下几个工作步骤。

1. 准备阶段

根据加工零件的图纸，确定有关加工数据（刀具轨迹坐标点、加工的切削用量、刀具尺寸信息等），根据工艺方案、夹具选用、刀具类型选择等确定有关其他辅助信息。

2. 编程阶段

根据加工工艺信息，用机床数控系统能识别的语言编写数控加工程序，程序就是对加工工艺过程的描述，并填写程序单。

3. 准备信息载体

根据已编好的程序单，将程序存放在信息载体（穿孔带、磁带、磁盘等）上，信息载体上存储着加工零件所需要的全部信息。目前，随着计算机网络技术的发展，可直接由计算机通过网络与机床数控系统通信。

4. 加工阶段

当执行程序时，机床 CNC 系统对程序译码、寄存和运算，向机床伺服机构发出运动指令，以驱动机床的各运动部件，自动完成对工件的加工。

四、实践活动：车间见习、企业参观

实践活动要求如下。

① 通过车间见习、参观能辨认各种机床，了解各种机床的基本功能。

② 参观历届同学的实习工件和企业生产的产品。

③ 写心得体会：谈谈自己对数控车床操作工的新认识。

第二节　数控车床安全、维护、保养知识

一、数控车床安全操作须知

1. 机床操作前的准备工作

（1）服装准备

选择和使用适合的防护用品，穿紧身防护服，袖口不要敞开，长发要戴防护帽，操作时不能戴手套。

（2）物品准备

工具、量具、工件、附件及其他物品应摆放整齐，按左、右手习惯放置工具、刀具等，毛坯、零件要堆放好，检查工具是否完好。

（3）机床和其他准备

① 操作机床前要详细阅读厂家的操作说明书和编程说明书，了解机床的各个操作细节，同时要了解各种相关的安全规程。

② 开机前检查机床是否正常：各部位要求不漏水，不漏油，不漏气，不漏电。检查机床状况，如防护装置的位置和牢固性，电源导线、操作手轮、冷却润滑软管等是否与机床运动件相碰等；了解前班机床使用情况。机床内外清洁，外观完好。

③ 检查本机床专用起重设备状态是否正常。

④ 此外，还需根据各个机床的完好检查项目、标准和方法进行一次日常检查。

⑤ 空车检查启动和停止按钮、手轮、进给倍率旋钮或机床锁住及润滑冷却系统等是否正常工作。

⑥ 大型机床需两人以上操作时，必须明确主操作人员，由其统一指挥，互相配合。

2. 机床操作中的安全

（1）数控装置

在接通机床电源的瞬间，CNC 装置上没有出现位置显示或报警画面之前，请不要碰面板上的任何键。

（2）工件

① 被加工件的重量、轮廓尺寸，应与机床的技术性能数据相适应。被加工件较重时，要使用起重设备。为了移动方便，可采用专用的吊装夹紧附件，并且只有在机床上装卡牢固可靠后，才可松开吊装用夹紧附件。

② 在工件回转或刀具回转的情况下，禁止戴手套操作。

③ 紧固工件、刀具或机床附件时要站稳，勿用力过猛。

④ 工件要夹牢，如果工件安装不牢，可能由于离心力过大，会甩出而导致事故。

（3）机床

① 当手动操作机床时，要确定刀具和工件的当前位置并确保正确指定轴的方向和进给速度。手动换刀时，要考虑刀架上的刀具与卡盘、尾架、工件等是否干涉。

② 手轮进给时，在较大的进给倍率下旋转手轮，刀架会快速移动。使用前要确认手轮进给倍率是否适当。

③ 加工前，一定要试车，保证机床正确工作，例如在机床上不装工件和刀具时，利用

单程序段、进给倍率、图形模拟或机床锁紧等检查机床的正确运行。

④ 当机床加工时不能进行测量、调整以及清理等工作。形成飞起的切屑时应关好防护门。清除机床工作台和加工件上的切屑不能直接用手，也不能用压缩空气吹，而要用专门的工具。

⑤ 机床在程序控制下运行时，如果在机床停止后进行加工程序的编辑（修改、插入或删除），再次启动机床恢复自动运行，机床可能发生不可预料的动作；用复位按钮停止加工后，重新运行时，要注意刀具、工件及夹具等是否干涉。

⑥ 机床在正常运行时不允许打开电气柜的门。

⑦ 加工过程中如出现异常危急情况，可按下"急停"按钮，以确保人身和设备的安全。

（4）编程

① 米制/公制转换后，要注意程序及刀具数据的相应变化。

② 认真检查程序是否正确，并确认坐标设定是否正确，因为程序正确而坐标错误，同样会引起机床的非预期运行，造成事故。

③ 恒线速度切削时，当工件的 X 坐标趋近于零时，主轴转速急剧增大，如果卡紧力不足，可能导致工件脱落。因此，应限定最大主轴转速。

④ 当使用刀具补偿功能时，请仔细检查补偿方向和补偿量。

⑤ 编程时不仅要考虑正在加工的刀具，还要注意其他刀具是否会与卡盘或工件等发生干涉。

（5）其他方面

① 当出现电池电压低的报警时，请在一个星期之内更换电池，否则 CNC 内存中的内容会丢失。只有经过安全和维修培训的人员才可进行该项工作。

② 只有经过安全和维修培训的人员才可进行存储器后备电池、绝对脉冲编码器电池及熔断器的更换。

③ 正确地摆放被加工件，不要堵塞机床附近通道。要及时清扫切屑，工作场地特别是脚踏板上不能有冷却液和油。

④ 当闻到电绝缘层发热气味或听见运转声音不正常时，要迅速停车检查。

⑤ 不得随意更改数控系统内部制造厂设定的参数，应备份所有重要数据，并将备份的数据妥善保管。

⑥ 机床发生事故，操作者要注意保留现场，并向维修人员如实说明事故发生前后的情况，以利于分析问题，查找事故原因。

3. 机床操作后的安全

① 工作结束后，关闭机床，并切断机床的电源。整理工作场地，收拾好刀具、附件和测量工具。

② 使用专用工具将切屑清理干净。拆卸搬运工件时避免将手划伤。

③ 进行日常维护，加注润滑油等。

④ 认真填写数控机床的工作日志，做好交接工作，消除事故隐患。

4. 个人安全操作保证书

个人安全操作保证书

工种： ＿＿＿＿＿＿＿＿   保证人： ＿＿＿＿＿＿＿＿   日期： ＿＿＿＿＿＿＿＿

保证书内容：

二、数控车床的日常维护和保养

数控车床具有集机、电、液于一身的特点，是一种自动化程度很高的先进设备。为了充分发挥其效益，减少故障的发生，必须做好日常维护保养工作，使数控系统少出故障，以延长系统的平均无故障时间。所以要求数控车床维护人员不仅要有机械、加工工艺以及液压、气动方面的知识，还要具备电子计算机、自动控制、驱动及测量技术等方面的知识，这样才能全面了解、掌握数控车床，及时搞好维护保养工作。主要的维护保养工作如下。

（1）严格遵守操作规程和日常维护制度，数控系统的编程、操作和维修人员必须经过专门的技术培训，严格按机床和系统的使用说明书的要求，正确、合理地操作机床，应尽量避免因操作不当引起的故障。

（2）操作人员在操作机床前，必须确认主轴润滑油与导轨润滑油是否符合要求。如果润滑油不足时，应按说明书的要求加入牌号、型号等合适的润滑油，并确认气压是否正常。

（3）防止灰尘进入数控装置内，如数控柜空气过滤器灰尘积累过多，会使柜内冷却空气流通不畅，引起柜内温度过高而使数控系统工作不稳定。因此，应根据周围环境温度状况，定期检查清扫。电气柜内电路板和元器件上积累有灰尘时，也得及时清扫。

（4）应每天检查数控装置上各个冷却风扇工作是否正常。视工作环境的状况，每半年或每季度检查一次过滤通风道是否有堵塞现象。如过滤网上灰尘积聚过多，应及时清理，否则将导致数控装置内温度过高（一般温度为 55～60℃），致使 CNC 系统不能可靠地工作，甚至发生过热报警。

（5）伺服电动机的保养。对于数控车床的伺服电动机，要在 10～12 个月进行一次维护保养，加速或者减速变化频繁的机床要在 2 个月进行一次维护保养。维护保养的主要内容有：用干燥的压缩空气吹去电刷的粉尘，检查电刷的磨损情况，如需更换，需选用规格型号相同的电刷，更换后要空载运行一定时间使其与换向器表面吻合。检查清扫电枢整流子以防止短路；如装有测速电动机和脉冲编码器时，也要进行定期检查和清扫。

（6）及时做好清洁保养工作，如空气过滤器的清扫、电气柜的清扫、印制线路板的清扫等。表 1-1-1 为数控车床保养一览表。

（7）定期检查电气部件，检查各插头、插座、电缆、各继电器的触点是否出现接触不良、断线和短路等故障。检查各印制电路板是否干净。检查主电源变压器、各电动机的绝缘电阻是否在 1MΩ 以上。平时尽量少开电气柜门，以保持电气柜内清洁。

（8）经常监视数控系统的电网电压。数控系统允许的电网电压范围在额定值的 85%～110%，如果超出此范围，轻则使数控系统不能稳定工作，重则会造成重要的电子元件损坏。因此要经常注意电网电压的波动。对于电网质量比较恶劣的地区，应及时配置数控系统用的交流稳压装置，将使故障率有比较明显的降低。

（9）定期更换存储器用电池，数控系统中部分 CMOS 存储器中的存储内容在关机时靠电池供电保持。当电池电压降到一定值时就会造成参数丢失。因此，要定期检查电池电压，更换电池时一定要在数控系统通电状态下进行，这样才不会造成存储参数丢失，并做好数据备份。

（10）备用印制电路板长期不用容易出现故障，因此对所购数控机床中的备用电路板，应定期装到数控系统中通电运行一段时间，以防止损坏。

（11）定期进行机床水平度和机械精度检查并校正，机械精度的校正方法有软硬两种。软方法主要是通过系统参数补偿，如丝杠反向间隙补偿、各坐标定位精度定点补偿、机床回参考点位置校正等；硬方法一般要在机床进行大修时进行，如进行导轨修刮、滚珠丝杠螺母预紧调整反向间隙等，并适时对各坐标轴进行超程限位检验。

（12）长期不用数控车床的保养。在数控车床闲置不用时，应经常给数控系统通电，在机床锁住的情况下，使其空运行。在空气湿度较大的季节应该天天通电，利用电气元件本身发热驱走数控柜内的潮气，以保证电子元器件的性能稳定可靠。

表 1-1-1　数控车床的日常维护和保养项目

序号	检查周期	检查部位	检查要求
1	每天	导轨润滑油箱	检查油量，及时添加润滑油，润滑液压泵是否定时启动打油及停止
2	每天	主轴润滑恒温油箱	工作是否正常，油量是否充足，温度范围是否合适
3	每天	机床液压系统	油箱泵有无异常噪声，工作油面高度是否合适，压力表指示是否正常，管路及各接头有无泄漏
4	每天	压缩空气气动系统压力	气动控制系统压力是否在正常范围之内
5	每天	X、Z 轴导轨面	清除切屑和脏物，检查导轨面有无划伤损坏，润滑油是否充足
6	每天	各防护装置	机床防护罩是否齐全有效
7	每天	电气柜各散热通风装置	各电气柜中冷却风扇是否工作正常，风扇过滤网有无堵塞，及时清洗过滤器
8	每周	各电气柜过滤网	清洗粘附的尘土
9	不定期	冷却液箱	随时检查液面高度，及时添加冷却液，太脏应及时更换
10	不定期	排屑器	经常清理切屑，检查有无卡住现象
11	半年	检查主轴驱动传动带	按说明书要求调整传动带松紧程度
12	半年	各轴导轨上镶条，压紧滚轮	按说明书要求调整松紧状态
13	一年	检查和更换电动机电刷	检查换向器表面，除去毛刺，吹净炭粉，磨损过多的电刷及时更换
14	一年	液压油路	清洗溢流阀、减压阀、滤油器、油箱，要更换过滤液压油
15	一年	主轴润滑恒温油箱	清洗过滤器、油箱，更换润滑油
16	一年	冷却液压泵过滤器	清洗冷却油池，更换过滤器
17	一年	滚珠丝杠	清洗丝杠上旧的润滑脂，涂上新油脂

三、实操训练：数控车床维护和保养

实操训练要求如下。

① 进行数控车床维护和保养基本操作。

② 通过现场观察深刻理解数控车床安全操作须知中的各项要求。

③ 写心得体会：我该怎样遵守安全文明操作规程。

第三节　认识数控系统

1. 什么是数控系统

数控系统是数字控制系统的简称，英文名称为：Numerical Control System，早期是由硬件电路构成的称为硬件数控（Hard NC），1970 年以后，硬件电路元件逐步由专用的计算机代替，称为计算机数控系统。

计算机数控（Computerized numerical control，CNC）系统是用计算机控制加工功能，实现数值控制的系统。CNC 系统是根据计算机存储器中存储的控制程序，执行部分或全部数值控制功能，并配有接口电路和伺服驱动装置的专用计算机系统。

2. 数控系统的组成

CNC 系统由数控程序、输入装置、输出装置、计算机数控装置（CNC 装置）、可编程逻辑控制器（PLC）、主轴驱动装置和进给（伺服）驱动装置（包括检测装置）等组成，如图 1-1-8 所示。

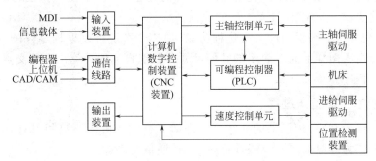

图 1-1-8　计算机数控系统框图

计算机数控系统的核心是 CNC 装置，它不同于以前的 NC 装置。NC 装置由各种逻辑元件、记忆元件等组成数字逻辑电路，由硬件来实现数控功能，是固定接线的硬件结构。CNC 装置采用专用计算机，由软件来实现部分或全部数控功能，具有良好的"柔性"，容易通过改变软件来更改或扩展其功能。CNC 装置由硬件和软件组成，软件在硬件的支持下运行，离开软件，硬件便无法工作，两者缺一不可。

3. 数控系统功能

CNC 系统的功能主要反映在准备功能 G 指令代码和辅助功能 M 指令代码上。根据数控机床的类型、用途、档次的不同，CNC 系统的功能有很大差别，下面介绍其主要功能。

（1）控制功能　CNC 系统能控制的轴数和能同时控制（联动）的轴数是其主要性能之一。控制轴数越多，特别是同时控制的轴数越多，要求 CNC 系统的功能就越强，同时 CNC 系统也就越复杂，编制程序也越困难。

（2）准备功能　准备功能也称 G 指令代码，它是用来指定机床运动方式的功能，包括基本移动、平面选择、坐标设定、刀具补偿、固定循环等指令。

（3）插补功能　CNC 系统是通过软件插补来实现刀具运动轨迹控制的。

（4）进给功能　根据加工工艺要求，CNC 系统的进给功能用 F 指令代码直接指定数控机床加工的进给速度。

(5) 主轴功能　主轴功能就是指定主轴转速的功能。

(6) 辅助功能　辅助功能用来指定主轴的启、停和转向；切削液的开和关；刀库的启和停等，一般是开关量的控制，它用 M 指令代码表示。各种型号的数控装置的辅助功能差别很大，而且有许多是自定义的。

(7) 刀具功能　刀具功能用来选择所需的刀具，刀具功能字以地址符 T 为首，后面跟二位或四位数字，代表刀具的编号。

(8) 补偿功能　补偿功能是通过输入到 CNC 系统存储器的补偿量，根据编程轨迹重新计算刀具的运动轨迹和坐标尺寸，从而加工出符合要求的工件。如刀具的尺寸补偿、反向间隙补偿等。

(9) 字符、图形显示功能　CNC 控制器可以配置单色或彩色 CRT 或 LCD，通过软件和硬件接口实现字符和图形的显示。

(10) 自诊断功能　为了防止故障的发生或在发生故障后可以迅速查明故障的类型和部位，以减少停机时间，CNC 系统中设置了各种诊断程序。

(11) 通信功能　为了适应柔性制造系统（FMS）和计算机集成制造系统（CIMS）的需求，CNC 装置通常具有 RS232C 通信接口，有的还备有 DNC 接口。也有的 CNC 还可以通过制造自动化协议（MAP）接入工厂的通信网络。

(12) 人机交互图形编程功能　有这种功能的 CNC 系统可以根据零件图直接编制程序，即编程人员只需送入图样上简单表示的几何尺寸，就能自动地计算出全部交点、切点和圆心坐标，生成加工程序。

4. 数控系统的一般工作过程

(1) 输入　输入 CNC 控制器的通常有零件加工程序、机床参数和刀具补偿参数。现在最主要的输入方式为键盘输入、上级计算机 DNC 通信输入等。

(2) 译码　译码是以零件程序的一个程序段为单位进行处理，把其中零件的轮廓信息（起点、终点、直线或圆弧等），F、S、T、M 等信息按一定的语法规则解释（编译）成计算机能够识别的数据形式，并以一定的数据格式存放在指定的内存专用区域。编译过程中还要进行语法检查，发现错误立即报警。

(3) 刀具补偿　刀具补偿包括刀具半径补偿和刀具长度补偿。为了方便编程人员编制零件加工程序，编程时零件程序是以零件轮廓轨迹来编程的，与刀具尺寸无关。程序输入和刀具参数输入分别进行。

(4) 进给速度处理　数控加工程序给定的刀具相对于工件的移动速度是在各个坐标合成运动方向上的速度，即 F 代码的指令值。速度处理首先要进行的工作，是将各坐标合成运动方向上的速度，分解成各进给运动坐标方向的分速度，为插补时计算各进给坐标的行程量做准备；另外，对于机床允许的最低和最高速度限制也在这里处理。

(5) 插补　零件加工程序段中的指令行程信息是有限的。如对于加工直线的程序段仅给定起、终点坐标；对于加工圆弧的程序段除了给定其起、终点坐标外，还给定其圆心坐标或圆弧半径。要进行轨迹加工，CNC 必须从一条已知起点和终点的曲线上自动进行"数据点密化"的工作，这就是插补。插补在每个规定的周期（插补周期）内进行一次，即在每个周期内，按指令进给速度计算出一个微小的直线数据段，通常经过若干个插补周期后，插补完一个程序段的加工，也就完成了从程序段起点到终点的"数据密化"工作。

(6) 位置控制　位置控制装置位于伺服系统的位置环上，如图 1-1-9 所示。它的主要工作是在每个采样周期内，将插补计算出的理论位置与实际反馈位置进行比较，用其差值控制进给电动机。

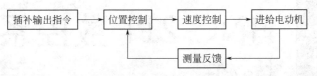

图 1-1-9　位置控制的原理

（7）I/O 处理　CNC 的 I/O 处理是 CNC 与机床之间的信息传递和变换的通道。其作用一方面是将机床运动过程中的有关参数输入到 CNC 中；另一方面是将 CNC 的输出命令（如换刀、主轴变速换挡、加冷却液等）变为执行机构的控制信号，实现对机床的控制。

（8）显示　CNC 系统的显示主要是为操作者提供方便，显示装置有 CRT 显示器或 LCD 数码显示器，一般位于机床的控制面板上。通常有零件程序的显示、参数的显示、刀具位置显示、机床状态显示、报警信息显示等。有的 CNC 装置中还有刀具加工轨迹的静态和动态模拟加工图形显示。上述的 CNC 的工作流程如图 1-1-10 所示。

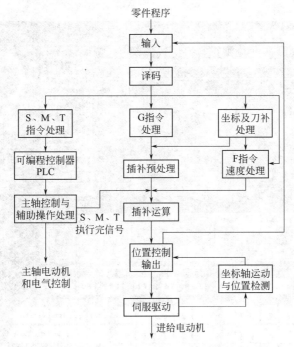

图 1-1-10　CNC 的工作流程

第二章　HNC-21T 数控系统基本操作

第一节　HNC-21T 数控系统面板

1. 数控系统面板

数控系统面板如图 1-2-1 所示。

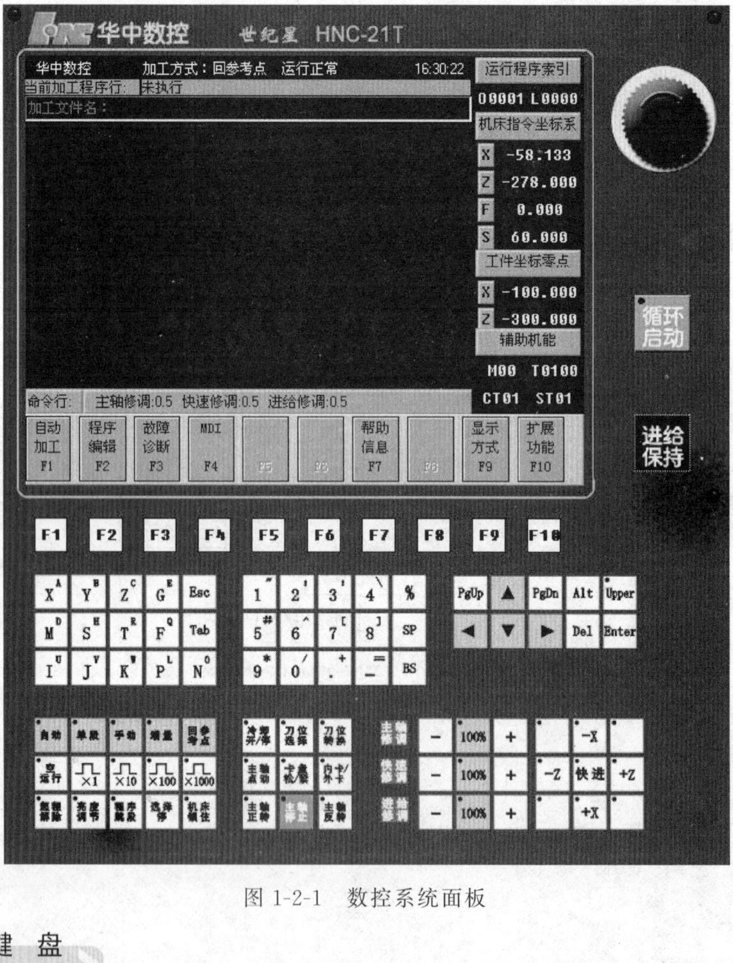

图 1-2-1　数控系统面板

2. MDI 键盘

说明

　　MDI 键盘名称及其说明见表 1-2-1。

表 1-2-1　MDI 键盘名称及其说明

名称	功能说明
地址和数字键　X^A 2^I	按下这些键可以输入字母，数字或者其他字符
Upper	切换键
Enter	输入键
Alt	替换键
Del	删除键
PgUp PgDn	翻页键
光标移动键 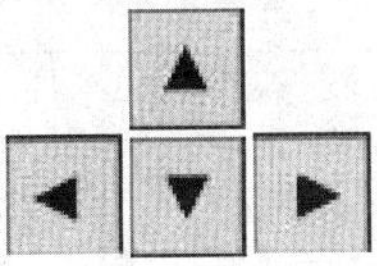	有四种不同的光标移动键： ▶：用于将光标向右或者向前移动 ◀：用于将光标向左或者往回移动 ▼：用于将光标向下或者向前移动 ▲：用于将光标向上或者往回移动

3. 菜单命令条说明

数控系统屏幕的下方就是图 1-2-2 所示的菜单命令条。

图 1-2-2　菜单命令条

由于每个功能包括不同的操作，在主菜单条上选择一个功能项后，菜单条会显示该功能下的子菜单。例如，按下主菜单条中的"自动加工"后，就进入自动加工下面的子菜单命令条（图 1-2-3）。

图 1-2-3　子菜单命令条

每个子菜单条的最后一项都是"返回"项，按该键就能返回上一级菜单。

4. 快捷键说明

图 1-2-4 所示是快捷键，这些键的作用和菜单命令条是一样的。在菜单命令条及弹出菜

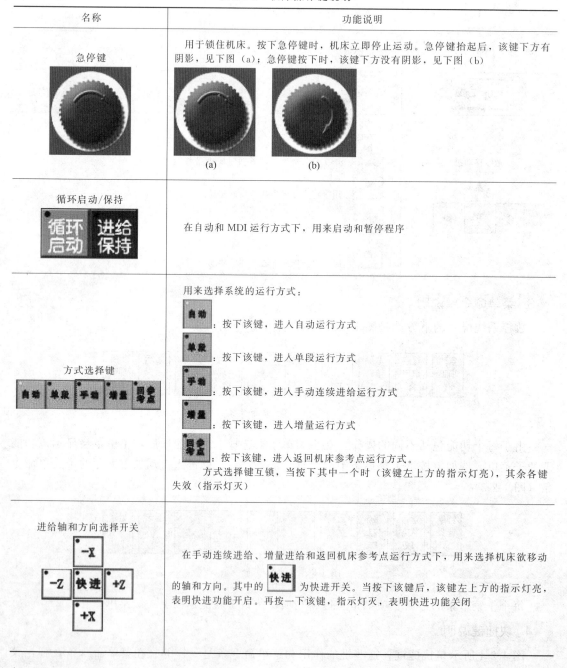

图 1-2-4　快捷键

单中，每一个功能项的按键上都标注了 F1、F2 等字样，表明要执行该项操作也可以通过按下相应的快捷键来执行。

5. 机床操作键说明（表 1-2-2）

表 1-2-2　机床操作键说明

名称	功能说明
急停键	用于锁住机床。按下急停键时，机床立即停止运动。急停键抬起后，该键下方有阴影，见下图（a）；急停键按下时，该键下方没有阴影，见下图（b） （a）　　　　（b）
循环启动/保持	在自动和 MDI 运行方式下，用来启动和暂停程序
方式选择键	用来选择系统的运行方式： 自动：按下该键，进入自动运行方式 单段：按下该键，进入单段运行方式 手动：按下该键，进入手动连续进给运行方式 增量：按下该键，进入增量运行方式 回参考点：按下该键，进入返回机床参考点运行方式。 　　方式选择键互锁，当按下其中一个时（该键左上方的指示灯亮），其余各键失效（指示灯灭）
进给轴和方向选择开关	在手动连续进给、增量进给和返回机床参考点运行方式下，用来选择机床欲移动的轴和方向。其中的 快进 为快进开关。当按下该键后，该键左上方的指示灯亮，表明快进功能开启。再按一下该键，指示灯灭，表明快进功能关闭

名称	功能说明
主轴修调	在自动或 MDI 方式下,当 S 代码的主轴速度偏高或偏低时,可用主轴修调右侧的 100% 和 +、− 键,修调程序中编制的主轴速度 按 100%(指示灯亮),主轴修调倍率被置为 100%,按一下 +,主轴修调倍率递增 5%;按一下 −,主轴修调倍率递减 5%
快速修调	自动或 MDI 方式下,可用快速修调右侧的 100% 和 +、− 键,修调 G00 快速移动时系统参数"最高快速度"设置的速度 按 100%(指示灯亮),快速修调倍率被置为 100%,按一下 +,快速修调倍率递增 10%;按一下 −,快速修调倍率递减 10%
进给修调	自动或 MDI 方式下,当 F 代码的进给速度偏高或偏低时,可用进给修调右侧的 100% 和 +、− 键,修调程序中编制的进给速度 按 100%(指示灯亮),进给修调倍率被置为 100%,按一下 +,主轴修调倍率递增 10%;按一下 −,主轴修调倍率递减 10%
增量值选择键	在增量运行方式下,用来选择增量进给的增量值: ×1 为 0.001mm;×10 为 0.01mm;×100 为 0.1mm;×1000 为 1mm 各键互锁,当按下其中一个时(该键左上方的指示灯亮),其余各键失效(指示灯灭)
主轴旋转键	用来开启和关闭主轴: 主轴正转:按下该键,主轴正转;主轴停止:按下该键,主轴停转;主轴反转:按下该键,主轴反转
刀位转换键	在手动方式下,按一下该键,刀架转动一个刀位
超程解除	当机床运动到达行程极限时,会出现超程,系统会发出警告音,同时紧急停止。 要退出超程状态,可按下超程解除键(指示灯亮),再按与刚才相反方向的坐标轴键。

名称	功能说明
空运行	在自动方式下，按下该键（指示灯亮），程序中编制的进给速率被忽略，坐标轴以最大快移速度移动
程序跳段	自动加工时，系统可跳过某些指定的程序段。如在某程序段首加上"/"，且面板上按下该开关，则在自动加工时，该程序段被跳过不执行；而当释放此开关时，"/"不起作用，该段程序被执行
选择停	选择停
机床锁住	用来禁止机床坐标轴移动。显示屏上的坐标轴仍会发生变化，但机床停止不动。

第二节　手动操作

一、返回机床参考点

进入系统后，首先应将机床各轴返回参考点。操作步骤如下：

① 按下"回参考点"按键 （指示灯亮）；
② 按下"+X"按键，X 轴立即回到参考点；
③ 按下"+Z"按键，使 Z 轴返回参考点。

二、手动移动机床坐标轴

1. 点动进给

① 按下"手动"按键（指示灯亮），系统处于点动运行方式；
② 选择进给速度；
③ 按住"+X"或"-X"按键（指示灯亮），X 轴产生正向或负向连续移动；松开"+X"或"-X"按键（指示灯灭），X 轴减速停止；
④ 依同样方法，按下"+Z"、"-Z"按键，使 Z 轴产生正向或负向连续移动。

2. 点动快速移动

在点动进给时，先按下"快进"按键，然后再按坐标轴按键，则该轴将产生快速运动。

3. 点动进给速度选择

进给速率为系统参数"最高快移速度"的 1/3 乘以进给修调选择的进给倍率。快速移动的进给速率为系统参数"最高快移速度"乘以快速修调选择的快移倍率。进给速度选择的方法为：

① 按下进给修调或快速修调右侧的"100%"按键（指示灯亮），进给修调或快速修调

倍率被置为 100%；

② 按下"＋"按键，修调倍率增加 10%，按下"－"按键，修调倍率递减 10%。

4. 增量进给

① 按下"增量"按键（指示灯亮），系统处于增量进给运行方式；

② 按下增量倍率按键（指示灯亮）；

③ 按一下"＋X"或"－X"按键，X 轴将向正向或负向移动一个增量值；

④ 按下"＋Z"、"－Z"按键，使 Z 轴向正向或负向移动一个增量值。

5. 增量值选择

增量值的大小选择由增量倍率按键来决定。增量倍率按键有四个挡位：×1、×10、×100、×1000。增量倍率按键和增量值的对应关系见表 1-2-3。

表 1-2-3　增量倍率按键和增量值的对应关系

增量倍率按键	×1	×10	×100	×1000
增量值/mm	0.001	0.01	0.1	1

即当系统在增量进给运行方式下，增量倍率按键选择的是"×1"按键时，则每按一下坐标轴，该轴移动 0.001mm。

第三节　手动控制主轴

1. 主轴正反转及停止

① 确保系统处于手动方式下；

② 设定主轴转速；

③ 按下"主轴正转"按键（指示灯亮），主轴以机床参数设定的转速正转；

④ 按下"主轴反转"按键（指示灯亮），主轴以机床参数设定的转速反转；

⑤ 按下"主轴停止"按键（指示灯亮），主轴停止运转。

2. 主轴速度修调

主轴正转及反转的速度可通过主轴修调调节。

① 按下主轴修调右侧的"100%"按键（指示灯亮），主轴修调倍率被置为 100%；

② 按下"＋"按键，修调倍率增加 10%，按下"－"按键，修调倍率递减 10%。

3. 刀位选择和刀位转换

① 确保系统处于手动方式下。

② 按下"刀位选择"按键，选择所使用的刀，这时显示窗口右下方的"辅助机能"里会显示当前所选中的刀号。例如图 1-2-5 中选择的刀号为 ST01。

③ 按下"刀位转换"按键，转塔刀架转到所选到的刀位。

图 1-2-5　选择刀号

4. 机床锁住

在手动运行方式下，按下"机床锁住"键，再进行手动操作，系统执行命令，显示屏上的坐标轴位置信息变化，但机床不动。

第四节　MDI 运行

1. 进入 MDI 运行方式

① 在系统控制面板上，按下菜单键中左数第 4 个按键——"MDI F4"按键，进入 MDI 功能子菜单（图 1-2-6）。

图 1-2-6　MDI 功能子菜单

② 在 MDI 功能子菜单下，按下左数第 6 个按键——"MDI 运行 F6"按键，进入 MDI 运行方式（图 1-2-7）。

图 1-2-7　进入 MDI 运行方式子菜单

③ 这时就可以在 MDI 一栏后的命令行内输入 G 代码指令段。

2. 输入 MDI 指令段

有以下两种输入方式。

① 一次输入多个指令字。

② 多次输入，每次输入一个指令字。例如，要输入"G00 X100 Z1000"，可以直接在命令行输入"G00 X100 Z 1000"，然后按 Enter 键，这时显示窗口内 X、Z 值分别变为 100、1000。

在命令行先输入"G00"，按 Enter 键，显示窗口内显示"G00"；再输入"X100"按 Enter 键，显示窗口内 X 值变为 100；最后输入"Z 1000"，然后按 Enter 键，显示窗口内 Z 值变为 1000。

在输入指令时，可以在命令行看见当前输入的内容，在按 Enter 键之前发现输入错误，可用 BS 按键将其删除；在按了 Enter 键后发现输入错误或需要修改，只需重新输入一次指令，新输入的指令就会自动覆盖旧的指令。

3. 运行 MDI 指令段

输入完成一个 MDI 指令段后，按下操作面板上的"循环启动"按键，系统就开始运行所输入的指令。

第五节　自动运行操作

一、进入程序运行菜单

① 在系统控制面板下，按下"自动加工 F1"按键，进入程序运行子菜单（图 1-2-8）。

② 在程序运行子菜单下，可以自动运行零件程序（图 1-2-9）。

图 1-2-8　程序运行子菜单

图 1-2-9　自动运行零件程序

二、选择运行程序

按下"文件选择 F1"按键，会弹出一个含有两个选项的菜单（图 1-2-10）：磁盘程序、正在编辑的程序。

图 1-2-10　含有两个选项的菜单

① 当选择了"磁盘程序"时，会打开文件窗口，用户在电脑中选择事先做好的程序文件，选中并按下窗口中的"打开"键将其打开，这时显示窗口会显示该程序的内容。

② 当选择了"正在加工的程序"，如果当前没有选择编辑程序，系统会弹出提示框，说明当前没有正在编辑的程序。否则显示窗口会显示正在编辑的程序的内容。

三、程序校验

① 打开要加工的程序；

② 按下机床控制面板上的"自动"键，进入程序运行方式；

③ 在程序运行子菜单下，按"程序校验 F3"按键，程序校验开始；

④ 如果程序正确，校验完成后，光标将返回到程序头，并且显示窗口下方的提示栏显示提示信息，说明没有发现错误。

四、启动自动运行

① 选择并打开零件加工程序；

② 按下机床控制面板上的"自动"按键（指示灯亮），进入程序运行方式；

③ 按下机床控制面板上的"循环启动"按键（指示灯亮），机床开始自动运行当前的加工程序。

五、单段运行

① 按下机床控制面板上的"单段"按键（指示灯亮），进入单段自动运行方式；

② 按下"循环启动"按键，运行一个程序段，机床就会减速停止，刀具、主轴均停止运行；

③ 再按下"循环启动"按键，系统执行下一个程序段，执行完成后再次停止。

第六节　程序编辑和管理

一、进入程序编辑菜单

① 在系统控制面板下，按下"程序编辑 F2"按键，进入编辑功能子菜单（图 1-2-11）。

图 1-2-11　编辑功能子菜单

② 在编辑功能子菜单下，可对零件程序进行编辑等操作（图 1-2-12）。

图 1-2-12　零件程序编辑子菜单

二、选择编辑程序

按下"选择编辑程序 F2"按键，会弹出一个含有三个选项的菜单（图 1-2-13）：磁盘程序、正在加工的程序、新建程序。

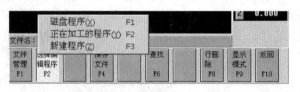

图 1-2-13　含有三个选项的菜单

① 当选择了"磁盘程序"时，会打开文件窗口，用户在电脑中选择事先做好的程序文件，选中并按下窗口中的"打开"键将其打开，这时显示窗口会显示该程序的内容。

② 当选择了"正在加工的程序"，如果当前没有选择加工程序，系统会弹出提示框，说明当前没有正在加工的程序。否则显示窗口会显示正在加工的程序的内容。如果该程序正处于加工状态，系统会弹出提示，提醒用户先停止加工再进行编辑。

③ 当选择了"新建程序"，这时显示窗口窗口的最上方出现闪烁的光标，这时就可以开始建立新程序了。

三、编辑当前程序

在进入编辑状态，程序被打开后，可以将控制面板上的按键，结合电脑键盘上的数字和功能键来进行编辑操作。

① 删除：将光标落在需要删除的字符上，按电脑键盘上的 Delete 键删除错误的内容。

② 插入：将光标落在需要插入的位置，输入数据。

③ 查找：按下菜单键中的"查找 F6"按键，弹出对话框，在"查找"栏内输入要查找的字符串，然后按"查找下一个"，当找到字符串后，光标会定位在找到的字符串处。

④ 删除一行：按"行删除 F8"键，将删除光标所在的程序行。

⑤ 将光标移到下一行：按下控制面板上的上下箭头键。每按一下箭头键，窗口中的光标就会向上或向下移动一行。

四、保存程序

① 按下"选择编辑程序 F2"按键；

② 在弹出的菜单中选择"新建程序"；

③ 弹出提示框，询问是否保存当前程序，按"是"确认并关闭对话框。

第七节　数据设置

一、进入数据设置菜单

① 在系统控制面板上，按下菜单键中左数第 4 个按键"MDI F4"按键，进入 MDI 功能子菜单（图 1-2-14）。

图 1-2-14　进入 MDI 功能子菜单

② 在 MDI 功能子菜单下，可以使用菜单键中的"刀库表 F1"、"刀偏表 F2"、"刀补表 F3"和"坐标系 F4"来设置刀具、坐标系数据（图 1-2-15）。

图 1-2-15　设置刀具、坐标系数据

二、设置刀库数据

① 按下"刀库表 F1"按键，进入刀库设置窗口（图 1-2-16）。

② 用鼠标点中要编辑的选项。

③ 输入新数据，然后按 Enter 键确认。

④ 按"返回 F10"返回到上级菜单。

三、设置刀偏数据

① 按下"刀偏表 F2"按键，进入刀库设置窗口（图 1-2-17）。

② 用鼠标选中要编辑的选项。

③ 输入新数据，然后按 Enter 键确认。

④ 完成设置后，按菜单键中的"返回 F10"按键，返回 MDI 功能子菜单，以便进行其他数据的设置。

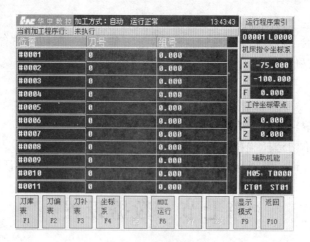

图 1-2-16　刀库设置窗口 1

图 1-2-17　刀库设置窗口 2

四、设置刀补数据

① 按下"刀补表 F3"按键，进入刀库设置窗口（图 1-2-18）。

图 1-2-18　刀库设置窗口 3

② 用鼠标点中要编辑的选项；

③ 输入新数据，然后按 Enter 键确认。

五、设置坐标系

① 按下"坐标系 F4"按键，进入手动输入坐标系方式，显示窗口首先显示 G54 坐标系数据（图 1-2-19）。

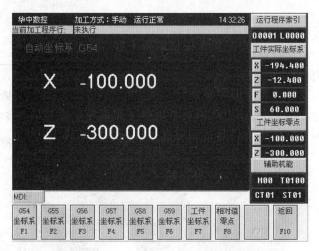

图 1-2-19　显示 G54 坐标系数据

② 除了设置 G54 外，还可以通过屏幕下方的菜单条设置 G55、G56、G57、G58、G59 和当前工件坐标系。

③ 在命令行输入所需数据。例如，要输入"X200、Z300"，可以在命令行输入 X200、Z300，然后按 Enter 键，这时显示窗口中 G54 坐标系的 X、Z 偏置值分别为 200、300（图 1-2-20）。

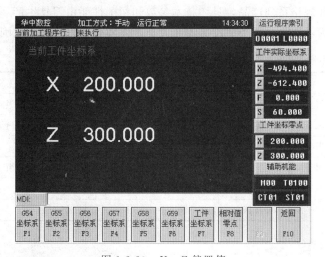

图 1-2-20　X、Z 偏置值

第三章　数控车削切削刀具

1. 按刀具材料分类

从刀具制造所用到的材料上可分为_____刀具、_____刀具、_____刀具、陶瓷刀具、立方氮化硼刀具、金刚石刀具。

（1）高速钢刀具（图1-3-1）　高速钢通常是型坯材料，韧性较硬质合金好，硬度、耐磨性和红硬性较硬质合金差，不适于切削硬度较高的材料，也不适于进行高速切削。高速钢刀具使用前需生产者自行刃磨，且刃磨方便，适用于各种特殊需要的非标准刀具。

图1-3-1　高速钢刀具

（2）硬质合金刀具（图1-3-2）　硬质合金刀片切削性能优异，在数控车削中被广泛使用。硬质合金刀片有标准规格系列产品，具体技术参数和切削性能由刀具生产厂家提供。硬质合金刀片按国际标准分为：P类、M类、K类等几大类，硬质合金刀片加工范围见表1-3-1。

表1-3-1　硬质合金刀片加工范围

刀片类别	适于加工范围	备注
P类	适用于加工钢、长屑可锻铸铁	相当于我国的YT类
M类	适用于加工奥氏体不锈钢、铸铁、高锰钢、合金铸铁等	相当于我国的YW类
M-S类	适用于加工耐热合金和钛合金	
K类	适用于加工铸铁、冷硬铸铁、短屑可锻铸铁、非钛合金	相当于我国的YG类
K-N类	适用于加工铝、非铁合金	
K-H类	适用于加工淬硬材料	

2. 按车刀用途分类

车刀用于各种车床上，加工外圆、内孔、端面、螺纹、车槽等。一般分以下几种车刀：45°弯头车刀、90°外圆车刀、外螺纹车刀、75°外圆车刀、成形车刀、90°左外圆车刀、车槽刀、内孔车槽刀、内螺纹车刀、盲孔车刀、通孔镗刀等，具体如图1-3-3所示。

图 1-3-2　硬质合金刀具

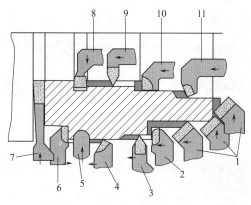

图 1-3-3　车刀的类型

1—45°弯头车刀；2—90°外圆车刀；3—外螺纹车刀；4—75°外圆车刀；
5—成形车刀；6—90°左外圆车刀；7—车槽刀；8—内孔车槽刀；
9—内螺纹车刀；10—盲孔车刀；11—通孔镗刀

第四章 切削用量与计算

◀ 1. 切削速度 v_c ▶

切削速度是用工件外圆上的线速度来表示的，记作 v_c，单位：m/s（或 m/min）。

$$v_c = \frac{n\pi d}{1000} \qquad (1\text{-}4\text{-}1)$$

式中　n ——主轴转速，r/s（或 r/min）；

　　　d ——工件最大外圆直径，mm，如为钻削、铣削，则 d 为刀具的最大直径，mm。

切削速度 v_c 方向，即为外圆上的线速度的方向。

◀ 2. 进给量 ▶

进给量有以下两种表述形式。

（1）进给速度表示，记作 v_f，单位：mm/min，即在单位时间内，刀具相对于工件在进给方向上的位移量。

（2）生产中常用每转进给量来表示，记作 f，单位为：mm/r，即是工件每转一转，刀具相对于工件在进给方向上的位移量。

上述两种表示法可写成如下形式

$$v_f = nf \qquad (1\text{-}4\text{-}2)$$

值得注意的是，数控加工编程中的进给速度 f 值，即为上述两种情况之一。

◀ 3. 背吃刀量 a_p ▶

当刀具不能一次吃刀就能切掉工件上的金属层时，还需由操作者在一次进给后再沿半径方向完成吃刀运动，习惯上称每次吃刀的数量为背吃刀量，以 a_p 表示，单位为 mm；此时它是间歇进行的，故可不看成是运动。但当由机床进刀机构自动完成吃刀运动时，就应看成是一种辅助运动了（外圆磨削、平面磨削），其大小为：

$$a_p = \frac{d_w - d_m}{2} \qquad (1\text{-}4\text{-}3)$$

式中　d_w ——待加工表面直径，mm；

　　　d_m ——已加工表面直径，mm。

切削用量的选择见表 1-4-1。

表 1-4-1　硬质合金外圆车刀切削速度的参考数值

工件材料	热处理状态	$a_p = 0.3 \sim 2mm$ $f = 0.08 \sim 0.3mm/r$ $\dfrac{v_c}{m \cdot min^{-1}}$	$a_p = 2 \sim 6mm$ $f = 0.3 \sim 0.6mm/r$ $\dfrac{v_c}{m \cdot min^{-1}}$	$a_p = 6 \sim 10mm$ $f = 0.6 \sim 1mm/r$ $\dfrac{v_c}{m \cdot min^{-1}}$
低碳钢易切钢	热轧	140~180	100~120	70~90
中碳钢	热轧	130~160	90~110	60~80
	调质	100~130	70~90	50~70
合金结构钢	热轧	100~130	70~90	50~70
	调质	80~110	50~70	40~60
工具钢	退火	90~120	60~80	50~70
灰铸铁	HBS＜190	90~120	60~80	50~70
	HBS＝190~225	80~110	50~70	40~60
高锰钢			10~20	
铜及铜合金		200~250	120~180	90~120
铝及铝合金		300~600	200~400	150~200
铸铝合金		100~180	80~150	60~100

注：切削钢及灰铸铁时刀具耐用度约为 60min。

第五章 数控车削加工工艺

一、工艺相关概念

1. 工序

工序是工艺过程的基本单元，指一个（或一组）工人，在一个工作地点（如一台设备）对一个（或同时对几个）工件所连续完成的那一部分工艺过程。划分工序的主要依据是工人、工件、工作地点（设备）三不变，以及该工序的工艺过程是否连续。

2. 安装

机械加工中，使工件在机床或夹具中占据某一正确位置并被夹紧的过程，称为装夹。在一道工序中，有时需要对工件进行多次装夹。工件经一次装夹后所完成的那一部分工序称为安装。

3. 工位

工件在一次安装下相对于机床或刀具，每占据一个加工位置所完成的那部分工艺过程称为工位。

4. 工步

工步指加工表面、加工刀具和切削用量中，切削速度和进给量不变的情况下，所完成的那部分工序内容，三者有任一改变，即为另一工步。

5. 进给

在一个工步内，若被加工表面要切除的金属层很厚，需分几次切削，则每一次切削称为一次进给。如车削螺纹时，在车螺纹的工步下就需要多次进给。

以上是将机械加工工艺过程进行分解，一个零件的加工过程由一个或若干个工序组成，每个工序则由安装、工位、工步构成，工步由进给构成。

二、工艺分析与工艺编制

1. 零件加工过程卡（表1-5-1）

表1-5-1 零件加工过程卡

客户		编号		材料		数量	
名称		图号		编制			
校核		批准		定额		年 月 日	
序号	工序名称	加工步骤及工序内容			单件工时（分）		
1							
2							

序号	工序名称	加工步骤及工序内容	单件工时（分）
3			
4			
5			
6			
更改标记		更改处数	更改日期

2. 零件加工工序卡（表1-5-2）

表1-5-2　零件加工工序卡

单位		产品名称或代号				零件名称		零件图号
		车　间				使用设备		
（工序简图）		工艺序号				程序编号		
		夹具名称				夹具编号		

工步号	工步作业内容	刀具号	刀具名称	刀补量/mm	主轴转速/(r/min)	进给速度/(mm/r)	背吃刀量/mm	备注
1								
2								
3								
4								
5								
6								
7								
8								
编制		审核		批准		年　月　日		共　页

3. 工量具准备

工量具填入表1-5-3。

表 1-5-3　工量具列表

序号	工量具名称	规格	数量	在本任务中的用途	备注
1					
2					
3					
4					
5					
6					
7					
8					

4. 刀具准备

数控刀具填入表 1-5-4。

表 1-5-4　数控刀具卡片

序号	刀具号	刀具名称	刀具规格	刀尖圆弧	刀具材料	备注
1						
2						
3						
4						
5						
编制		审核		批准	年　月　日	共 1 页　第 1 页

第二部分
数控车削加工实训项目

项目一　芯轴(台阶轴）的加工

学习目标

① 能解释快速定位指令 G00、直线插补指令 G01 和切削循环 G80、G81 指令的参数。

② 认识数控加工程序的结构，能使用 G00、G01 和 G80、G81 等指令，进行简单台阶轴数控加工程序编制。

③ 准备数控车床加工的相关工具，能操作数控车床，录入程序，完成简单台阶轴的加工。

④ 根据车间管理规定要求，能完成实习场地的卫生维护工作。

项目内容

1. 知识部分

① 数控车编程的程序结构。

② 数控编程坐标系定义与应用。

③ G00、G01 指令的格式、参数含义及编程方法。

④ G80、G81 指令的格式、参数含义及编程方法。

⑤ M、S、T、F 等辅助功能指令的编程使用方法。

2. 技能部分

① 芯轴的程序编制与录入。

② 数控车削加工前，工、量、夹、刀具的准备。

③ 数控车床简单操作与程序运行。

④ 车削加工过程中的安全与警报排除。

⑤ 对零件进行检测。

⑥ 对零件精度的控制。

⑦ 按照车间管理规定，完成车床日常维护保养工作。

【实施项目】

通过小组合作的形式来实施项目，所以在实施项目之前需先对教学班级分组，分析班级学生情况，了解学校的设备资源情况，然后进行分组。分组原则：按学生的平时表现情况，学习基础好的同学和学习基础差的同学平均分配到各组。在这原则基础上可实行双方自愿调换。每组设组长一名，安全督察员一名。组长负责分配项目的各项任务，并协调、沟通组内的工作情况，安全督察员负责在实训过程中，提醒组内同学按安全操作规程进行实训，并完成项目的相关任务。项目刚开始时，教师注意提醒组长和安全督察员的工作完成情况。

学习过程一　接受任务

通过考察学校周边的模具制造企业，结合课程学习的进度，从企业挑选出有针对性的项目：模具芯轴。学生从教师处接受任务，生产派工单见表 2-1-1。读懂芯轴零件图信息，通过熟悉数控车间工作环境，掌握简单台阶轴的编程方法，制定芯轴工艺步骤，选用工量具，采用车削方法完成零件的制作。本项目要求每位学生完成一个零件（图 2-1-1）。

表 2-1-1　生产派工单

单号：_____ 开单部门：_____ 开单人：_____

开单时间：___年___月___日___时___分，接单人：_____部_____小组_____（签名）

以下由开单人填写

产品名称		完成工时	
产品技术要求	按图样加工，满足使用功能要求		

以下由接单人和确认方填写

领取材料 （含消耗品）		成本核算	金额合计： 仓管员（签名） 年　月　日
领用工具			
操作者 检　测			（签名） 年　月　日
班　组 检　测			（签名） 年　月　日

质检员 检 测				(签名) 年　月　日
生产数量 统　计		合格		
		不良		
		返修		
		报废		

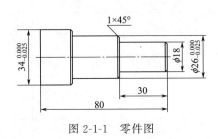

图 2-1-1　零件图

学习过程二　制定工作计划

　　各小组成员认真分析零件图纸，确定工作的内容及工作要求，然后进行组内分工。

1. 确定分工情况（表 2-1-2）

表 2-1-2　小组成员分工

序号	开始时间	结束时间	工作内容	工作要求	分工情况	备注

2. 按照要求填写零件加工过程卡片（表 2-1-3）

表 2-1-3　零件加工过程卡片

客户		编号		材料		数量	
名称		图号		编制			
校核		批准		定额		年　月　日	
序号	工序名称	加工步骤及工序内容		单件工时/分			
1							
2							
3							
4							
5							
6							
7							
8							
更改标记		更改处数			更改日期		

3. 填写零件加工工序卡片（表 2-1-4）

表 2-1-4　零件加工工序卡片

单位		产品名称或代号			零件名称	零件图号
		车　间			使用设备	
（工序简图）		工艺序号			程序编号	
		夹具名称			夹具编号	

工步号	工步作业内容	刀具号	刀具名称	刀补量/mm	主轴转速/(r/min)	进给速度/(mm/r)	背吃刀量/mm	备注
1								
2								
3								
4								
5								
6								
7								
8								
编制		审核		批准		年　月　日	共　页	

1. 常用数控车编程指令

（1）M 指令（辅助功能）

M 指令由指令地址 M 和其后的 1～2 位数字组成，用于控制程序执行的流程或输出 M 代码到 PLC。

① 程序结束 M02

指令格式：M02 或 M2

指令功能：_____。

② 程序运行结束 M30

指令格式：M30

指令功能：_____。

③ 主轴正转、反转停止控制 M03、M04、M05

指令格式：M03 或 M3 ，M04 或 M4 ，M05 或 M5

指令功能：M03：_____；M04：_____；M05：_____。

④ 冷却泵控制 M08、M09

指令格式：M08 或 M8，M09 或 M9

指令功能：M08：冷却泵_____；M09：冷却泵_____。

（2）快速定位 G00

指令格式：G00 X（U）Z（W）

指令功能：X 轴、Z 轴同时从起点以各自的快速移动速度移动到终点，如图 2-1-2 所示。两轴是以各自独立的速度移动，短轴先到达终点，长轴独立移动剩下的距离，其合成轨迹不一定是直线。

指令说明：G00 为初态 G 指令；$X(U)$、$Z(W)$ 可省略一个或全部，当省略一个时，表示该轴的起点和终点坐标值一致；同时省略表示终点和始点是同一位置，X 与 U、Z 与 W 在同一程序段时，X、Z 有效，U、W 无效。实际的移动速度可通过机床面板的快速倍率键进行修调。

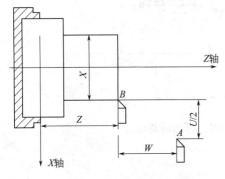

图 2-1-2　指令轨迹图

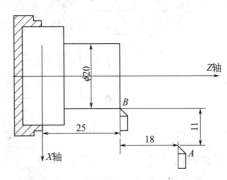

图 2-1-3　刀具从 A 点移动到 B 点

【例 1】刀具从 A 点快速移动到 B 点（图 2-1-3）。

程序：G0 X20 Z25；（绝对坐标编程）

（3）直线插补 G01

指令格式：G01 X（U）_ Z（W）_ F_

指令功能：运动轨迹为从起点到终点的一条直线。指令轨迹如图 2-1-4 所示。

指令说明：G01 为模态 G 指令；X（U）、Z（W）可省略一个或全部，当省略一个时，表示该轴的起点和终点坐标值一致；同时省略表示终点和始点是同一位置。F 指令值为 X 轴方向和 Z 轴方向的瞬时速度的矢量合成速度，实际的切削进给速度为进给倍率与 F 指令值的乘积；F 指令值执行后，此指令值一直保持，直至新的 F 指令值被执行。

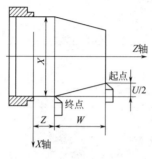

图 2-1-4　指令轨迹

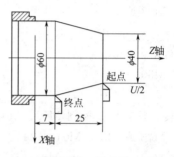

图 2-1-5　例 2 图

【例 2】从直径 $\phi40$ 切削到 $\phi60$ 的程序指令（图 2-1-5）。

程序：G01 X60 Z7 F500；（绝对值编程）

（4）切削循环指令 G80、G81

① 圆柱面内（外）径切削循环指令

格式：G80 X _ Z _ F _

说明：X、Z：绝对值编程时，为切削终点 C 在工件坐标系下的坐标；增量值编程时，为切削终点 C 相对于循环起点 A 的有向距离，图形中用 U、W 表示，其符号由轨迹 1 和 2 的方向确定。

执行如图 2-1-6 所示 A → B → C → D → A 的轨迹动作。

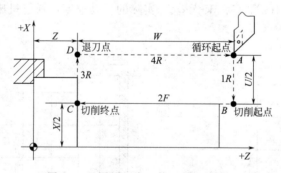

图 2-1-6　圆柱面内（外）径切削循环

② 圆锥面内（外）径切削循环指令

格式：G80 X _ Z _ I _ F _

说明：X、Z：绝对值编程时，为切削终点 C 在工件坐标系下的坐标；增量值编程时，为切削终点 C 相对于循环起点 A 的有向距离，图形中用 U、W 表示。

I：为切削起点 B 与切削终点 C 的半径差。其符号为差的符号（无论是绝对值编程还是增量值编程）。

该指令执行如图 2-1-7 所示 $A \rightarrow B \rightarrow C \rightarrow D \rightarrow A$ 的轨迹动作。

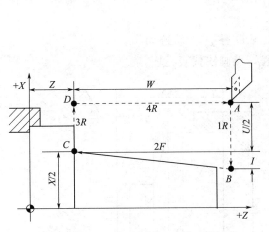

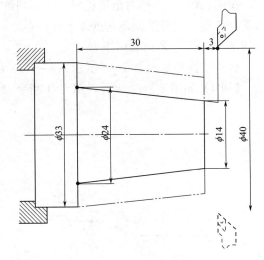

图 2-1-7 圆锥面内（外）径切削循环   图 2-1-8 G80 切削循环编程实例

【例 3】 如图 2-1-8 所示，用 G80 指令编程，点画线代表毛坯。

程序：

```
%3317
M03 S400                      （主轴以 400r/min 旋转）
G91 G80 X-10 Z-33 I-5.5 F100  （加工第一次循环，吃刀深 3mm）
X-13 Z-33 I-5.5               （加工第二次循环，吃刀深 3mm）
X-16 Z-33 I-5.5               （加工第三次循环，吃刀深 3mm）
M30                           （主轴停、主程序结束并复位）
```

③ 端平面切削循环指令

格式：G81 X＿＿ Z＿＿ F＿＿

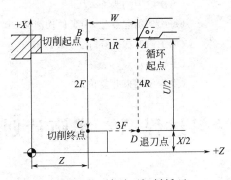

图 2-1-9 端平面切削循环

说明：X、Z：绝对值编程时，为切削终点 C 在工件坐标系下的坐标；增量值编程时，为切削终点 C 相对于循环起点 A 的有向距离，图形中用 U、W 表示，其符号由轨迹 1 和 2 的方向确定。

该指令执行如图 2-1-9 所示的 $A \rightarrow B \rightarrow C \rightarrow D \rightarrow A$ 轨迹动作。

④ 圆锥端面切削循环

项目一 芯轴（台阶轴）的加工

格式：G81 X_Z_K_F_

说明：X、Z：绝对值编程时，为切削终点C在工件坐标系下的坐标；增量值编程时，为切削终点C相对于循环起点A的有向距离，图形中用U、W表示。K：为切削起点B相对于切削终点C的Z向有向距离。

该指令执行如图2-1-10所示A→B→C→D→A的轨迹动作。

【例4】如图2-1-11所示，用G81指令编程，点画线代表毛坯。

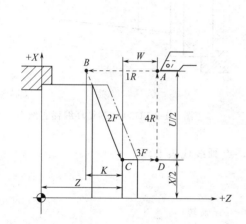

图2-1-10　圆锥端面切削循环

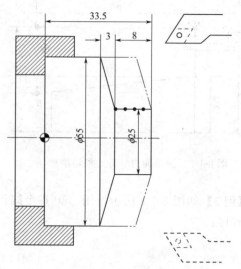

图2-1-11　G81切削循环编程实例

程序：

% 3320

N1 G54 G90G00 X60 Z45 M03　　　（选定坐标系，主轴正转，到循环起点）

N2 G81 X25 Z31.5 K-3.5 F100　　（加工第一次循环，吃刀深2mm）

N3 X25 Z29.5 K-3.5　　　　　　　（每次吃刀均为2mm，）

N4 X25 Z27.5 K-3.5　　　　　　　（每次切削起点位，距工件外圆面5mm，故K值为-3.5）

N5 X25 Z25.5 K-3.5　　　　　　　（加工第四次循环，吃刀深2mm）

N6M05　　　　　　　　　　　　　（主轴停）

N7M30　　　　　　　　　　　　　（主程序结束并复位）

学习过程三　实施计划

1. 编写芯轴零件程序

程序：

2. 刀具、量具准备

结合需要根据图纸要求，分析加工零件形状，将需要使用到的工量具填到工量具列表（表2-1-5）、刀具列表（表2-1-6）中。并按要求领用量具、刀具，进行刃磨。

表 2-1-5　工量具列表

序号	工量具名称	规格	数量	在本任务中的用途	备注

注：此表不够填写可另附页。

表 2-1-6　刀具列表

序号	刀具名称	规格	在本任务中的用途	备注

3. 实施过程记录表

实施计划过程中，组内要做好实施过程记录（表 2-1-7），包括实训过程、讨论内容、解决办法、执行情况等。

表 2-1-7　实施过程记录表

序号	时间	过程记录（实训过程、讨论记录、解决办法等）	备注

学习过程四　任务总结

各组要进行总结，完成总结之后，教师和学生在课堂上一起进行互动总结。互动总结内容主要包括：各组派代表总结组内实训情况，结果如何；各组进行交流，问题答辩等；教师提出问题，学生回答等。

【任务评价】

1. 自我评价

活动过程评价自评表见表 2-1-8。

表 2-1-8　活动过程评价自评表

班级：_____　姓名：_____　学号：_____号　201___年___月___日

评价项目及标准		配分/分	等级评定			
			A	B	C	D
操作技能	1. 熟悉加工工艺流程选择、技能技巧、工艺路线优化	10				
	2. 动手能力强，理论联系实际，善于灵活应用	10				
	3. 熟练车削台阶段轴的各项操作技能，基本功扎实	10				
	4. 熟悉质量分析、结合实际，提高自己综合实践能力	10				
	5. 掌握加工精度控制	10				
	6. 识图能力强，掌握尺寸公差的计算、术语及懂得相关专业理论知识	10				
	7. 了解车工常用工具种类和用途；掌握量具的结构、刻线原理及读数方法，并了解量具的维护保养	10				
实习过程	1. 安全操作情况 2. 平时实习的出勤情况 3. 每天的练习完成质量 4. 每天考核的操作技能 5. 每天对实习岗位卫生清洁、工具的整理保管及实习场所卫生清扫情况	20				
情感态度	1. 教师的互动 2. 良好的劳动习惯 3. 组员的交流、合作 4. 实践动手操作的兴趣、态度、主动积极性	10				
合　计		100				
简要评述						

等级评定：A：优（10分），B：好（8分），C：一般（6分），D：有待提高（4分）。

2. 相互评价（表2-1-9）

表2-1-9　活动过程评价互评表

被评人姓名：＿＿＿＿＿　学号：＿＿＿＿＿号　201＿＿年＿＿月＿＿日　评价人：＿＿＿＿

评价项目及标准		配分/分	等级评定			
			A	B	C	D
操作技能	1. 熟悉加工工艺流程选择、技能技巧、工艺路线优化	10				
	2. 动手能力强，理论联系实际，善于灵活应用	10				
	3. 熟练车工专业各项操作技能，基本功扎实	10				
	4. 熟悉质量分析、结合实际、提高自己综合实践能力	10				
	5. 掌握加工精度控制和尺寸链的基本算法	10				
	6. 识图能力强（工艺尺寸链、形位公差符号），掌握公差与配合的概念、述语及懂得相关专业理论知识	10				
	7. 了解车工常用工具种类和用途；掌握量具的结构、刻线原理及读数方法，并了解量具的维护保养	10				
实习过程	1. 安全操作情况 2. 平时实习的出勤情况 3. 每天的练习完成质量 4. 每天考核的操作技能 5. 每天对实习岗位卫生清洁、工具的整理保管及实习场所卫生清扫情况	20				
情感态度	1. 教师的互动 2. 良好的劳动习惯 3. 组员的交流、合作 4. 实践动手操作的兴趣、态度、主动积极性	10				
合计		100				
简要评述						

等级评定：A：优（10分），B：好（8分），C：一般（6分），D：有待提高（4分）。

3. 教学过程教师评价（此表由教师填写，见附录一）

项目二　热芯盒定位销（锥面圆弧轴）的加工

热芯盒定位销（锥面圆弧轴）的加工

学习目标

① 能识读定位销零件的图纸。

② 能制定定位销零件的数控车削工艺。

③ 能计算数控车削加工中的切削参数。

④ 能准备车削加工所需要的工、量、刀具。

⑤ 能解释圆弧插补指令 G02、G03 的参数含义。

⑥ 能解释外圆车削复合循环指令 G71 的参数含义。

⑦ 能使用 G02、G03、G71 等指令，完成锥面与圆弧结构轴零件的数控加工程序编制。

⑧ 能根据车间管理规定要求，完成实习场地的卫生维护工作。

任务内容

1. 知识部分

① 图纸识读与分析方法。

② 制定外圆面车削加工工艺流程。

③ 切削参数的计算方法。

④ 圆弧插补指令 G02、G03 的含义及其应用方法。

⑤ 复合循环指令 G71 参数含义及其应用方法。

⑥ 车削加工过程中刀具补偿调整方法。

⑦ 零件车削加工过程中的尺寸控制方法。

2. 技能部分

① 分析零件图纸。

② 制定外圆面车削加工工艺流程。

③ 计算切削加工参数，使其符合加工要求。

④ 准备好学习本任务过程中所需要的工、量、刀具。

⑤ 对零件加工程序进行调试。

⑥ 按加工过程的实际情况对刀具补偿值进行调整。

⑦ 监控锥面与圆弧结构轴零件在车削过程中的尺寸动态，保证符合公差要求。

【实施项目】

学习过程一　接受任务

通过考察学校周边的模具制造企业，结合课程学习的进度，从企业挑选出有针对性的项目：热芯盒定位销。学生从教师处接受任务，生产派工单见表 2-2-1。读懂定位销零件图信息，通过熟悉数控车间工作环境，掌握定位销的编程方法，制定定位销工艺步骤，选用工量具，采用车削方法完成零件的制作。本项目学生只需完成车削与钳工的工序，其他加工或热处理工序不必做。本项目要求每位学生完成一个零件，零件图要求如图 2-2-1 所示。

表 2-2-1　生产派工单

单号：_____　开单部门：_____　开单人：_____

开单时间：_____年___月___日___时___分　接单人：_____部_____小组_____（签名）

以下由开单人填写		
产品名称		完成工时
产品技术 要求	按图样加工，满足使用功能要求	

以下由接单人和确认方填写				
领取材料 （含消耗品）		成本 核算	金额合计： 仓管员（签名） 年　月　日	
领用工具				
操作者 检　测			（签名） 年　月　日	
班　组 检　测			（签名） 年　月　日	
质检员 检　测			（签名） 年　月　日	
生产数量 统　计	合格			
	不良			
	返修			
	报废			

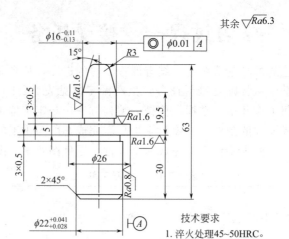

其余 $\sqrt{Ra6.3}$

技术要求
1. 淬火处理45~50HRC。
2. 去毛刺，锐边倒钝。

图 2-2-1　零件图要求

学习过程二　制定工作计划

各小组成员认真分析零件图纸，确定工作的内容及工作要求，然后进行组内分工。

1. 确定分工情况（表 2-2-2）

表 2-2-2　小组成员分工

序号	开始时间	结束时间	工作内容	工作要求	分工情况	备注

2. 按照要求填写零件加工过程卡片（表 2-2-3）

表 2-2-3　零件加工过程卡片

客户		编号		材料		数量	
名称		图号		编制			
校核		批准		定额		年　月　日	
序号	工序名称	加工步骤及工序内容			单件工时（分）		
1	车工	1. 车下端面，打中心孔；顶夹通车外圆 ϕ26；车 ϕ22+0.028+0.041 外圆，留量 0.6，轴肩留量 0.1，车退刀槽，倒角；切总长为（63+0.5）					
		2. 调头校夹，车上端面，车总长 63，打中心孔，车 ϕ16−0.13−0.11，留量 0.6，轴肩留量 0.1；车 15°圆锥，车 R3。					
2	钳工	去毛刺锐边					
3	热处理	淬火 40～45HRC					
4	钳工	去铁屑					
5	车工	对研中心孔					
6	外磨	1. 顶两端，磨合 ϕ22+0.028+0.041 外圆，靠磨出轴肩 2. 调头，磨合 ϕ16−0.13−0.11 外圆，靠磨出轴肩，保证同轴度					
7	钳工	上油，包装，入库					
更改标记		更改处数			更改人及日期		

3. 填写零件加工工序卡片（表 2-2-4）

表 2-2-4　零件加工工序卡片

单位		产品名称或代号		零件名称	零件图号
		车　　间		使用设备	
	（工序简图）	工艺序号		程序编号	
		夹具名称		夹具编号	

工步号	工步作业内容	刀具号	刀具名称	刀补量/mm	主轴转速/(r/min)	进给速度/(mm/r)	背吃刀量/mm	备注
1								
2								
3								
4								
5								
6								
7								
8								
编制		审核		批准	年　月　日		共　　页	

项目二　热芯盒定位销（锥面圆弧轴）的加工

1. 圆弧插补指令 G02、G03

（1）指令功能

G02 指令运动轨迹为从起点到终点的_____针（后刀座坐标系）/_____针（前刀座坐标系）圆弧，轨迹如图 2-2-2（a）所示。

G03 指令运动轨迹为从起点到终点的_____针（后刀座坐标系）/顺时针（前刀座坐标系）圆弧，轨迹如图 2-2-2（b）所示。

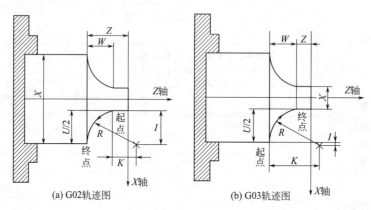

(a) G02轨迹图　　　　　　(b) G03轨迹图

图 2-2-2　指令运动轨迹

（2）指令格式

G02 X（U）＿　Z（W）＿ R＿ F＿

G03 X（U）＿　Z（W）＿ R＿ F＿

G02、G03 均为模态 G 指令。

（3）参数含义

① R 为_____，单位 mm；

② I 为圆弧起点与圆心在 X 方向的差值，用半径表示；

③ K 为圆弧起点与圆心在 Z 方向的差值；

④ 圆弧中心用地址 I、K 指定，I、K 表示从圆弧起点到圆心的矢量分量，是增量值；

⑤ $I＝$_____坐标－_____坐标；

⑥ $K＝$圆弧起始点的 Z 坐标－圆心坐标 Z 坐标；

⑦ I、K 根据方向带有符号，I、K 方向与 X、Z 轴方向相同，则取正值；否则，取负值。

（4）圆弧方向

G02、G03 圆弧的方向定义，在前刀座坐标系和后刀座坐标系是相反的，如图 2-2-3 所示。

（5）注意事项

① 当 $I＝0$ 或 $K＝0$ 时，可以省略；但指令地址 I、K 或 R 必须至少输入一个，否则系统产生报警；

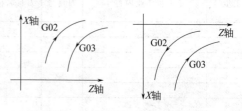

图 2-2-3　G02、G03 圆弧方向

② I、K 和 R 同时输入时，R 有效，I、K 无效；

③ R 值必须等于或大于起点到终点的一半，如果终点不在用 R 指令定义的圆弧上，系统会产生报警；

④ 地址 $X(U)$、$Z(W)$ 可省略一个或全部；当省略一个时，表示省略的该轴的起点和终点一致；同时省略表示终点和始点是同一位置，若用 I、K 指令圆心时，执行 G02、G03 指令的轨迹为全圆（360°）；用 R 指定时，表示 0° 的圆，如图 2-2-4 所示；

⑤ R 指令时，可以是大于 180° 和小于 180° 圆弧；R 负值时为大于 180° 的圆弧；R 正值时为小于或等于 180° 的圆弧。

（6）单句示例

如图 2-2-5 所示，从直径 ϕ45.25 切削到 ϕ63.06 的圆弧程序指令为：G02 X63.06 Z-20.0 R19.26 F300。

（7）编程实例

【例1】使用 G02、G03 指令进行综合编程的应用实例（图 2-2-6）。

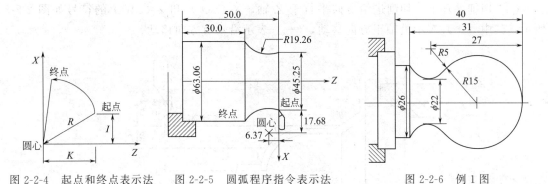

图 2-2-4　起点和终点表示法　　图 2-2-5　圆弧程序指令表示法　　图 2-2-6　例1图

G02、G03 指令编制程序列表见表 2-2-5。

表 2-2-5　G02、G03 指令编制程序列表

程序名	O0001	
程序段号	语句内容	注释
N001	G0 X40 Z5；	（快速定位）
N002	M03 S200；	（主轴开）
N003	G01 X0 Z0 F900；	（靠近工件）
N005	G03 U24 W-24 R15；	（切削 R 15 圆弧段）
N006	G02 X26 Z-31 R5；	（切削 R 5 圆弧段）
N007	G01 Z-40；	（切削 ϕ 26）
N008	X40 Z5；	（返回起点）
N009	M30；	（程序结束）

项目二　热芯盒定位销（锥面圆弧轴）的加工

2. 内（外）径粗车复合循环 G71

（1）无凹槽加工时

格式：G71 U（Δd）R（r）P（ns）Q（nf）X（Δx）Z（Δz）F（f）S（s）T（t）；

说明：该指令执行如图 2-2-7 所示的粗加工和精加工，其中精加工路径为 $A \to A' \to B' \to B$ 的轨迹。

① Δd：切削深度（每次切削量），指定时不加符号，方向由矢量 AA' 决定；

② r：每次退刀量；

③ ns：精加工路径第一程序段（即图中的 AA'）的顺序号；

④ nf：精加工路径最后程序段（即图中的 $B'B$）的顺序号；

⑤ Δx：X 方向精加工余量；

⑥ Δz：Z 方向精加工余量；

⑦ f，s，t：粗加工时 G71 中编程的 F、S、T 有效，而精加工时处于 ns 到 nf 程序段之间的 F、S、T 有效。

G71 切削循环下，切削进给方向平行于 Z 轴，X（ΔU）和 Z（ΔW）的符号如图 2-2-8 所示。其中（＋）表示沿轴正方向移动，（－）表示沿轴负方向移动。

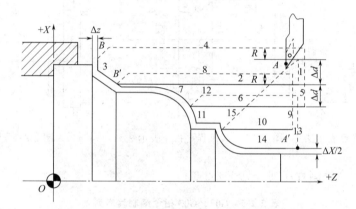

图 2-2-7　内、外径粗车复合循环

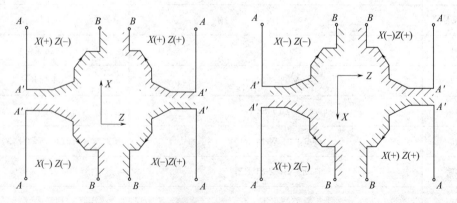

图 2-2-8　G71 复合循环下 X（ΔU）和 Z（ΔW）的符号

【例 2】对图 2-2-9 所示的零件进行编程。

程序：

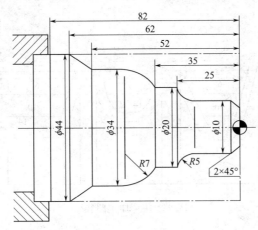

图 2-2-9 G71 外径复合循环编程实例

%3327

N1 G59 G00 X80 Z80   (选定坐标系 G55,到程序起点位置)

N2 M03 S400   (主轴以 400r/min 正转)

N3 G01 X46 Z3 F100   (刀具到循环起点位置)

N4 G71U1.5R1P5Q13X0.4 Z0.1   (粗切量:1.5mm;精切量:$X=0.4$mm、$Z=0.1$mm)

N5 G00 X0   (精加工轮廓起始行,到倒角延长线)

N6 G01 X10 Z-2   (精加工 $2×45°$ 倒角)

N7 Z-20   (精加工 ϕ 10 外圆)

N8 G02 U10 W-5 R5   (精加工 R 5 圆弧)

N9 G01 W-10   (精加工 ϕ 20 外圆)

N10 G03 U14 W-7 R7   (精加工 R 7 圆弧)

N11 G01 Z-52   (精加工 ϕ 34 外圆)

N12 U10 W-10   (精加工外圆锥)

N13 W-20   (精加工 ϕ 44 外圆,精加工轮廓结束行)

N14 X50   (退出已加工面)

N15G00 X80 Z80   (回对刀点)

N16 M05   (主轴停)

N17 M30   (主程序结束并复位)

（2）有凹槽加工时

格式：G71 U（Δd）R（r）P（ns）Q（nf）E（e）F（f）S（s）T（t）;

说明：该指令执行如图 2-2-10 所示的粗加工和精加工，其中精加工路径为 $A→A'→B'→B$ 的轨迹。

① Δd：切削深度（每次切削量），指定时不加符号，方向由矢量 AA' 决定；

② r：每次退刀量；

③ ns：精加工路径第一程序段（即图中的 AA'）的顺序号；

④ nf：精加工路径最后程序段（即图中的 $B'B$）的顺序号；

⑤ e：精加工余量，其为 X 方向的等高距离；外径切削时为正，内径切削时为负

⑥ f，s，t：粗加工时 G71 中编程的 F、S、T 有效，而精加工时处于 ns 到 nf 程序段之间的 F、S、T 有效。

注意：

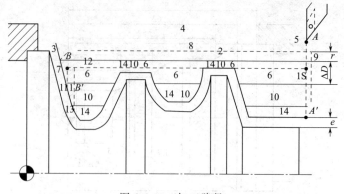

图 2-2-10 加工路径

① G71 指令必须带有 P、Q 地址 ns、nf，且与精加工路径起、止顺序号对应，否则不能进行该循环加工。

② ns 的程序段必须为 G00、G01 指令，即从 A 到 A′ 的动作必须是直线或点定位运动。

③ 在顺序号为 ns 到顺序号为 nf 的程序段中，不应包含子程序。

【例 3】 对图 2-2-11 所示的零件进行编程。

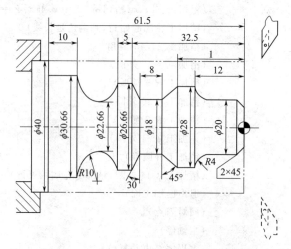

图 2-2-11 G71 有凹槽复合循环编程实例

程序：

```
% 4555
N1 T0101                        （换一号刀,确定其坐标系）
N2 G00 X80 Z100                 （到程序起点或换刀点位置）
   M03 S400                     （主轴以 400r/min 正转）
N3 G00 X42 Z3                   （到循环起点位置）
N4 G71U1R1P8Q19E0.3F100         （有凹槽粗切循环加工）
N5 G00 X80 Z100                 （粗加工后,到换刀点位置）
N6 T0202                        （换二号刀,确定其坐标系）
N7 G00 G42 X42 Z3               （二号刀加入刀尖圆弧半径补偿）
N8 G00 X10                      （精加工轮廓开始,到倒角延长线处）
N9 G01 X20 Z-2 F80              （精加工倒 2×45°角）
```

N10 Z-8   （精加工 φ20 外圆）

N11 G02 X28 Z-12 R4   （精加工 R 4 圆弧）

N12 G01 Z-17   （精加工 φ28 外圆）

N13 U-10 W-5   （精加工下切锥）

N14 W-8   （精加工 φ18 外圆槽）

N15 U8.66 W-2.5   （精加工上切锥）

N16 Z-37.5   （精加工 φ26.66 外圆）

N17 G02 X30.66 W-14 R10   （精加工 R 10 下切圆弧）

N18 G01 W-10   （精加工 φ30.66 外圆）

N19 X40   （退出已加工表面，精加工轮廓结束）

N20 G00 G40 X80 Z100   （取消半径补偿，返回换刀点位置）

N21 M30   （主轴停、主程序结束并复位）

3. 刀尖圆弧半径补偿 G40、G41、G42

格式：$\begin{Bmatrix} G40 \\ G41 \\ G42 \end{Bmatrix} \begin{Bmatrix} G00 \\ G01 \end{Bmatrix} X \_ Z \_$

说明：数控程序一般是针对刀具上的某一点即刀位点，按工件轮廓尺寸编制的。车刀的刀位点一般为理想状态下的假想刀尖 A 点或刀尖圆弧圆心 O 点。但实际加工中的车刀，由于工艺或其他要求，刀尖往往不是一理想点，而是一段圆弧。当切削加工时刀具切削点在刀尖圆弧上变动；造成实际切削点与刀位点之间的位置有偏差，故造成过切或少切。这种由于刀尖不是一理想点而是一段圆弧，造成的加工误差，可用刀尖圆弧半径补偿功能来消除。

刀尖圆弧半径补偿是通过 G41、G42、G40 代码及 T 代码指定的刀尖圆弧半径补偿号，加入或取消半径补偿，如图 2-2-12 所示。

① G40：取消刀尖半径补偿；

② G41：左刀补（在刀具前进方向左侧补偿）；

③ G42：右刀补（在刀具前进方向右侧补偿）；

④ X，Z：G00、G01 的参数，即建立刀补或取消刀补的终点；

注意：G40、G41、G42 都是模态代码，可相互注销。

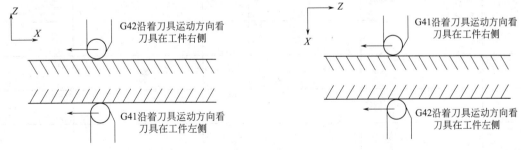

图 2-2-12　刀尖圆弧半径补偿

注意：① G41、G42 不带参数，其补偿号（代表所用刀具对应的刀尖半径补偿值）由 T 代码指定。其刀尖圆弧补偿号与刀具偏置补偿号对应。

② 刀尖半径补偿的建立与取消只能用 G00 或 G01 指令，不得是 G02 或 G03。

项目二　热芯盒定位销（锥面圆弧轴）的加工

刀尖圆弧半径补偿寄存器中，定义了车刀圆弧半径及刀尖的方向号。车刀刀尖的方向号定义了刀具刀位点与刀尖圆弧中心的位置关系，其从 0～9 有十个方向，如图 2-2-13 所示。

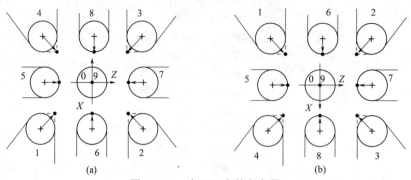

图 2-2-13 车刀刀尖的方向号

·代表刀具刀位点 A ；＋代表刀尖圆弧圆心 O

学习过程三 实施计划

1. 编写定位销零件程序

程序：

2. 刀具、量具准备

结合客户需要，根据图纸要求，分析加工零件形状，将需要使用到的工量具填写到工量具列表（见表 2-2-6）、刀具列表（见表 2-2-7）中。并按要求领用量具、刀具，进行刃磨。

表 2-2-6 工量具列表

序号	工量具名称	规格	数量	在本任务中的用途	备注

注：此表不够填写可另附页。

表 2-2-7 刀具列表

序号	刀具名称	规格	在本任务中的用途	备注

3. 实施过程记录表

实施计划过程中，组内要做好实施过程记录（见表 2-2-8），包括实训过程、讨论内容、解决办法、执行情况等。

表 2-2-8 实施过程记录表

序号	时间	过程记录（实训过程、讨论记录、解决办法等）	备注

学习过程四　任务总结

各组要进行总结，完成总结之后，教师和学生在课堂上一起进行互动总结。互动总结内容主要包括：各组派代表总结组内实训情况，结果如何；各组进行交流，问题答辩等；教师提出问题，学生回答等。

【任务评价】

1. 自我评价（表 2-2-9）

表 2-2-9　活动过程评价自评表

班级：_____　姓名：_____　学号：_____号　201___年___月___日

评价项目及标准		配分/分	等级评定			
			A	B	C	D
操作技能	1. 熟悉加工工艺流程选择、技能技巧、工艺路线优化	10				
	2. 动手能力强，理论联系实际，善于灵活应用	10				
	3. 熟练车削台阶段轴的各项操作技能，基本功扎实	10				
	4. 熟悉质量分析、结合实际，提高自己综合实践能力	10				
	5. 掌握加工精度控制	10				
	6. 识图能力强，掌握尺寸公差的计算、术语及懂得相关专业理论知识	10				
	7. 了解车工常用工具种类和用途；掌握量具的结构、刻线原理及读数方法，并了解量具的维护保养	10				
实习过程	1. 安全操作情况 2. 平时实习的出勤情况 3. 每天的练习完成质量 4. 每天考核的操作技能 5. 每天对实习岗位卫生清洁、工具的整理保管及实习场所卫生清扫情况	20				
情感态度	1. 教师的互动 2. 良好的劳动习惯 3. 组员的交流、合作 4. 实践动手操作的兴趣、态度、主动积极性	10				
合　计		100				
简要评述						

等级评定：A：优（10分），B：好（8分），C：一般（6分），D：有待提高（4分）。

数控车削加工与编程——典型模具零件加工实训

2. 相互评价(表2-2-10)

表2-2-10 活动过程评价互评表

被评人姓名：_____ 学号：_____ 号 201___年___月___日 评价人：_____

评价项目及标准		配分/分	等级评定			
			A	B	C	D
操作技能	1. 熟悉加工工艺流程选择、技能技巧、工艺路线优化	10				
	2. 动手能力强，理论联系实际，善于灵活应用	10				
	3. 熟练车工专业各项操作技能，基本功扎实	10				
	4. 熟悉质量分析、结合实际，提高自己综合实践能力	10				
	5. 掌握加工精度控制和尺寸链的基本算法	10				
	6. 识图能力强（工艺尺寸链、形位公差符号），掌握公差与配合的概念、述语及懂得相关专业理论知识	10				
	7. 了解车工常用工具种类和用途；掌握量具的结构、刻线原理及读数方法，并了解量具的维护保养	10				
实习过程	1. 安全操作情况 2. 平时实习的出勤情况 3. 每天的练习完成质量 4. 每天考核的操作技能 5. 每天对实习岗位卫生清洁、工具的整理保管及实习场所卫生清扫情况	20				
情感态度	1. 教师的互动 2. 良好的劳动习惯 3. 组员的交流、合作 4. 实践动手操作的兴趣、态度、主动积极性	10				
合计		100				
简要评述						

等级评定：A：优（10分），B：好（8分），C：一般（6分），D：有待提高（4分）。

3. 教学过程教师评价(见附录一)

项目二 热芯盒定位销（锥面圆弧轴）的加工

项目三 模板定位销（螺纹结构轴）的加工

学习目标

① 能识读与分析模板定位销的图纸。

② 能制定模板定位销的数控车削工艺。

③ 能计算外螺纹参数和切削过程的工艺参数。

④ 能准备外螺纹车削刀具。

⑤ 能解释螺纹切削指令 G32、G82、G76 等代码的参数含义。

⑥ 能使用 G32、G82、G76 等指令完成螺纹轴零件的数控车削加工程序编制。

⑦ 在老师的指导下，操作数控车床，进行螺纹轴零件的车削加工。

⑧ 能监控车削加工过程，并对加工过程中出现的尺寸误差进行调整。

⑨ 使用游标卡尺和螺纹通止规等量具对螺纹轴零件进行质量检测。

任务内容

1. 知识部分

① 螺纹的概念。

② 螺纹加工简述。

③ 螺纹参数的计算方法。

④ 螺纹车刀的安装方法。

⑤ 螺纹切削指令 G32、G82、G76 的含义及其应用方法。

⑥ 车削加工过程中刀具补偿调整方法。

⑦ 零件车削加工过程中的尺寸控制方法。

⑧ 螺纹质量检测方法。

2. 技能部分

① 分析零件图纸。

② 制定螺纹轴零件的车削加工工艺流程。

③ 计算螺纹参数，计算切削加工工艺参数，使其符合加工要求。

④ 准备好学习本任务过程中所需要的工、量、刀具。

⑤ 编制螺纹轴件的加工程序，并进行调试。

⑥ 按加工过程的实际情况对刀具补偿值进行调整。

⑦ 监控螺纹轴零件在车削过程中的尺寸动态，使其尽量符合公差要求。

⑧ 完成对螺纹轴零件的检测。

【实施项目】

学习过程一　接受任务

　　通过考察学校周边的模具制造企业，结合课程学习的进度，从企业挑选出有针对性的项目：模板定位销。学生从教师处接受任务，生产派工单见表 2-3-1。读懂定位销零件图信息，通过熟悉数控车间工作环境，掌握定位销的编程方法，制定定位销工艺步骤，选用工量具，采用车削方法完成零件的制作。本项目学生只需完成车削与钳工的工序，其他加工或热处理工序不必做。本项目要求每位学生完成一个零件，零件图要求如图 2-3-1 所示。

表 2-3-1　生产派工单

单号：＿＿＿＿＿＿　开单部门：＿＿＿＿＿＿＿＿＿＿　开单人：＿＿＿＿＿＿				
开单时间：＿＿＿年＿＿月＿＿日＿＿时＿＿分　接单人：＿＿＿部＿＿＿小组＿＿＿（签名）				
以下由开单人填写				
产品名称			完成工时	
产品技术要求	按图样加工，满足使用功能要求			
以下由接单人和确认方填写				
领取材料（含消耗品）			成本核算	金额合计： 仓管员（签名） 年　月　日
领用工具				
操作者检测				（签名） 年　月　日
班组检测				（签名） 年　月　日
质检员检测				（签名） 年　月　日
生产数量统计	合格			
	不良			
	返修			
	报废			

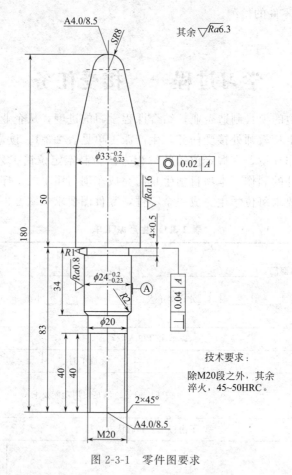

图 2-3-1 零件图要求

学习过程二 制定工作计划

各小组成员认真分析零件图纸，确定工作的内容及工作要求，然后进行组内分工。

表 2-3-2 分工情况

序号	开始时间	结束时间	工作内容	工作要求	分工情况	备注

2. 按照要求填写零件加工过程卡片（表2-3-3）

表 2-3-3 零件加工过程卡片

客户		编号		材料		数量	
名称		图号		编制			
校核		批准		定额		年 月 日	
序号	工序名称	加工步骤及工序内容			单件工时（分）		
1	车工	1. 车下端面，打中心孔，顶车，车 $\phi 33 -0.23-0.2$，外圆留量 0.8，车 $\phi 24 \pm 0.01$，留量 0.8，车 M20 螺纹，倒角，车总长 180，切断					
		2. 调头校夹，打中心孔，车 SR 8 球头，车圆锥					
2	热处理	除 50×M20 段外，56～62HRC					
3	钳工	除铁线，分类					
4	车工	光研两端中心孔					
5	外磨	顶夹，磨 $\phi 33-0.23-0.2$，$\phi 24 \pm 0.01$ 外圆，磨台肩，测粗糙度、形位公差					
6	钳工	上油，包装，入库					
更改标记		更改处数			更改人及日期		

3. 填写零件加工工序卡片（表2-3-4）

表 2-3-4 零件加工工序卡片

单位		产品名称或代号		零件名称	零件图号
（工序简图）		车 间		使用设备	
		工艺序号		程序编号	
		夹具名称		夹具编号	

工步号	工步作业内容	刀具号	刀具名称	刀补量/mm	主轴转速/（r/min）	进给速度/（mm/r）	背吃刀量/mm	备注
1								
2								
3								
4								
5								
6								
7								
8								
编制		审核		批准	年 月 日		共 页	

一、螺纹加工

1. 螺纹基本知识

（1）螺纹种类

将工件表面车削成螺纹的方法称为车螺纹。螺纹按牙型分有_____、_____、_____等（图2-3-2）。其中普通公制三角螺纹应用最广。

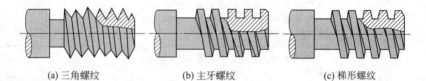

(a) 三角螺纹   (b) 主牙螺纹   (c) 梯形螺纹

图 2-3-2　螺纹的种类

（2）普通螺纹

普通螺纹，螺纹牙形为_____形，牙型角为_____，普通螺纹分粗牙普通螺纹和_____普通螺纹。粗牙普通螺纹的螺距是标准螺距，其代号用字母"M"及公称直径表示，如 M16、M12 等。细牙普通螺纹代号用字母"M"及公称直径×螺距表示，如 M24×1.5、M27×2 等。

2. 普通螺纹车刀

螺纹车刀（图2-3-3～图2-3-6）属于切削刀具的一种，是用来在车削加工机床上进行螺纹的切削加工的一种刀具。

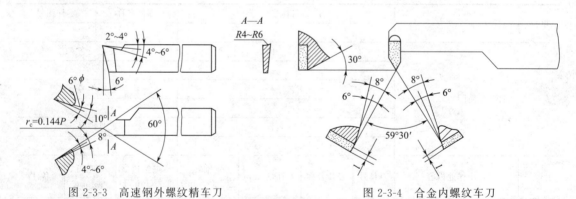

图 2-3-3　高速钢外螺纹精车刀   图 2-3-4　合金内螺纹车刀

3. 螺纹加工

螺纹加工是在圆柱上加工出特殊形状螺旋槽的过程，螺纹的常见用途是连接紧固、传递运动等。螺纹常见的加工方法有：_____、_____、_____、车削螺纹等。CNC车床可加工出高质量的螺纹，本节主要学习用 CNC 车床车削螺纹的工艺编程方法。

车削螺纹加工是在车床上，控制进给运动与主轴旋转同步，加工特殊形状螺旋槽的过程。螺纹形状主要由切削刀具的形状和安装位置决定。螺纹导程由刀具进给量决定。如图2-3-7所示为螺纹车削加工。

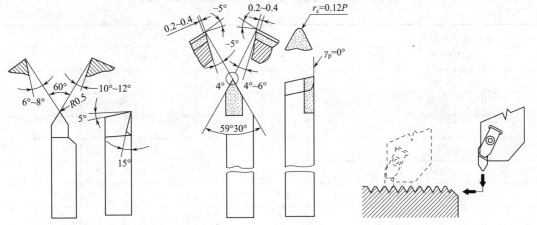

图 2-3-5 硬质合金外螺纹车刀   图 2-3-6 高速钢外螺纹粗车刀   图 2-3-7 螺纹车削加工

4. 螺纹加工工艺事项

由于螺纹的螺距（或导程）是由图样指定的，所以选择车削螺纹时的切削用量，关键是确定主轴转速 n 和切削深度 a_p。

（1）主轴转速的选择

根据车削螺纹时主轴转 1 转，刀具进给 1 个导程的机理，数控车床车削螺纹时的进给速度是由选定的主轴转速决定的。螺纹加工程序段中指令的螺纹导程（单头螺纹时即为螺距），相当于以进给量 f（mm/r）表示的进给速度 v_f，$v_f = nf$。

由上式可得进给速度 v_f 与进给量 f 成正比关系，如果将机床的主轴转速选择过高，换算后的进给速度则必定大大超过机床额定进给速度。所以选择车削螺纹时的主轴转速，要考虑进给系统的参数设置情况和机床电气配置情况，避免螺纹"乱牙"或起点、终点附近螺距不符合要求等现象的发生。

（2）切削深度的选择

一般要求分数次进给加工，并按递减趋势选择相对合理的切削深度。两种进刀方法的每次切削示意图如图 2-3-8 所示。

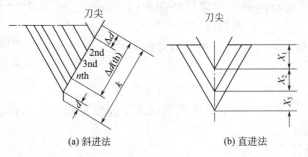

(a) 斜进法   (b) 直进法

图 2-3-8 螺纹车削加工每次进刀示意图

表 2-3-5 列出了常见米制螺纹切削的进给次数和切削深度参考值，仅供参考。

表 2-3-5　常见米制螺纹切削的进给次数和切削深度

单位：mm

螺距	牙深（半径值）	切削深度（直径值）								
		1次	2次	3次	4次	5次	6次	7次	8次	9次
1.0	0.649	0.7	0.4	0.2						
1.5	0.974	0.8	0.6	0.4	0.16					
2.0	1.299	0.9	0.6	0.6	0.4	0.1				
2.5	1.624	1.0	0.7	0.6	0.4	0.4	0.15			
3.0	1.949	1.2	0.7	0.6	0.4	0.4	0.4	0.2		
3.5	2.273	1.5	0.7	0.6	0.6	0.4	0.4	0.2	0.15	
4.0	2.598	1.5	0.6	0.6	0.6	0.4	0.4	0.4	0.3	0.2

（3）螺纹直径与螺距的关系

常用粗牙螺纹的螺距数值如表 2-3-6 所示。

表 2-3-6　常用粗牙螺纹的螺距数值

单位：mm

公称直径 D	6	8	10	12	14	16	18	20	22	24	27
螺距 P	1	1.25	1.5	1.75	2	2	2.5	2.5	2.5	3	3

5. 普通螺纹参数及计算

（1）普通三角螺纹的参数

普通三角螺纹的基本牙型如图 2-3-9 所示，各基本尺寸的名称如下。

D：＿＿＿＿＿＿＿；d：＿＿＿＿＿＿＿；

D_2：＿＿＿＿＿＿＿；d_2：＿＿＿＿＿＿＿；

D_1：内螺纹小径；d_1：外螺纹小径；

P：＿＿＿＿＿＿＿；H：原始三角形高度。

决定螺纹的基本要素有以下三个。

① 牙型角 α。螺纹轴向剖面内螺纹两侧面的夹角。公制螺纹 $\alpha =$ ＿＿＿＿＿°，英制螺纹 $\alpha = 55°$。

② 螺距 P。它是沿轴线方向上相邻两牙间对应点的距离。

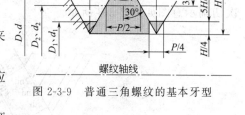

图 2-3-9　普通三角螺纹的基本牙型

③ 螺纹中径 D_2（d_2）。它是平螺纹理论高度 H 的一个假想圆柱体的直径。在中径处的螺纹牙厚和槽宽相等。只有内外螺纹中径都一致时，两者才能很好地配合。

（2）普通三角螺纹的参数计算

如果在零件图上标注为 "M24" 的螺纹，其相关参数信息如下：

① 公称直径——代表螺纹尺寸的直径，其外径是 24 毫米。

② 外螺纹大径（顶径）（d），实际车削外径 $d' = d - 0.11P =$ ＿＿＿＿＿＿＿。

③ 外螺纹小径（底径）（d_1）：$d_1 = d - 1.3P =$ ＿＿＿＿＿＿＿。

④ 内螺纹大径（底径）（D）＝＿＿＿＿＿＿＿。

⑤ 内螺纹小径（孔径）（D_1）：$D_1 = d - 1.05P =$ _____。

⑥ 中径（d_2、D_2）——是一个假想圆柱的直径，该圆柱的素线通过牙形上沟槽和凸起宽度相等的地方。同规格的外螺纹中径（d_2）和内螺纹中径 D_2 公称尺寸相等。

$d_2(D_2) = d - 0.65P =$ _____。

⑦ 理论高度（H）螺纹理论剖面形状（等边或等腰三角形）的高度。

⑧ 工作高度（h）是内螺纹与外螺纹接触的高度。

$h = 0.54P$

练习：试计算标注为"M30"的外螺纹小径、中径、牙型高度的数值。

$d_1 =$ _____ ；$d_2 =$ _____ ；$h =$ _____。

二、螺纹切削 G32

格式：G32 X（U）__ Z（W）__ R__ E__ P__ F__

说明：

① X、Z：为绝对编程时，有效螺纹终点在工件坐标系中的坐标；

② U、W：为增量编程时，有效螺纹终点相对于螺纹切削起点的位移量；

③ F：螺纹导程，即主轴每转一圈，刀具相对于工件的进给值；

④ R、E：螺纹切削的退尾量，R 表示 Z 向退尾量；E 为 X 向退尾量，R、E 在绝对或增量编程时，都是以增量方式指定，其为正表示沿 Z、X 正向回退，为负表示沿 Z、X 负向回退。使用 R、E 可免去退刀槽。R、E 可以省略，表示不用回退功能；根据螺纹标准 R 一般取 2 倍的螺距，E 取螺纹的牙型高。

P：主轴基准脉冲处距离螺纹切削起始点的主轴转角。

使用 G32 指令能加工圆柱螺纹、锥螺纹和端面螺纹。图 2-3-10 所示为锥螺纹切削时各参数的意义。

螺纹车削加工为成形车削，且切削进给量较大，刀具强度较差，一般要求分数次进给加工。

注意：从螺纹粗加工到精加工，主轴的转速必须保持一常数；在没有停止主轴的情况下，停止螺纹的切削将非常危险；因此螺纹切削时进给保持功能无效，如果按下进给保持按键，刀具在加工完螺纹后停止运动；在螺纹加工中不使用恒定线速度控制功能；在螺纹加工轨迹中应设置足够的升速进刀段 δ 和降速退刀段 δ′，以消除伺服滞后造成的螺距误差。

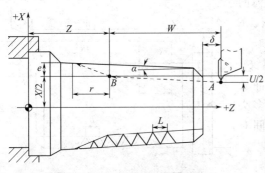

图 2-3-10　锥螺纹切削参数

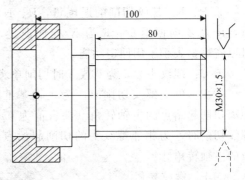

图 2-3-11　圆柱螺纹编程实例

【例1】 对图 2-3-11 所示的圆柱螺纹编程。螺纹导程为 $1.5mm$，$\delta = 1.5mm$，$\delta' = 1mm$，每次吃刀量（直径值）分别为 0.8mm、0.6mm、0.4mm、0.16mm。

程序：

%3312	
N1 G92 X50 Z120	（设立坐标系，定义对刀点的位置）
N2 M03 S300	（主轴以 300r/min 旋转）
N3 G00 X29.2 Z101.5	（到螺纹起点，升速段 1.5mm，吃刀深 0.8mm）
N4 G32 Z19 F1.5	（切削螺纹到螺纹切削终点，降速段 1mm）
N5 G00 X40	（X 轴方向快退）
N6 Z101.5	（Z 轴方向快退到螺纹起点处）
N7 X28.6	（X 轴方向快进到螺纹起点处，吃刀深 0.6mm）
N8 G32 Z19 F1.5	（切削螺纹到螺纹切削终点）
N9 G00 X40	（X 轴方向快退）
N10 Z101.5	（Z 轴方向快退到螺纹起点处）
N11 X28.2	（X 轴方向快进到螺纹起点处，吃刀深 0.4mm）
N12 G32 Z19 F1.5	（切削螺纹到螺纹切削终点）
N13 G00 X40	（X 轴方向快退）
N14 Z101.5	（Z 轴方向快退到螺纹起点处）
N15 U-11.96	（X 轴方向快进到螺纹起点处，吃刀深 0.16mm）
N16 G32 W-82.5 F1.5	（切削螺纹到螺纹切削终点）
N17 G00 X40	（X 轴方向快退）
N18 X50 Z120	（回对刀点）
N19 M05	（主轴停）
N20 M30	（主程序结束并复位）

三、螺纹切削循环 G82

1. 直螺纹切削循环

格式：G82 X（U）__ Z（W）__ R__ E__ C__ P__ F__

说明：

① X、Z：绝对值编程时，为螺纹终点 C 在工件坐标系下的坐标。增量值编程时，为螺纹终点 C 向对于循环起点 A 的有向距离，图形中用 U、W 表示，其符号由轨迹 1 和 2 的方向确定。

② R、E：螺纹切削的退尾量，R、E 均为向量，R 为 Z 向回退量；E 为 X 向回退量，R、E 可以省略，表示不用回退功能。

③ C：螺纹头数，为 0 或 1 时切削单头螺纹。

④ P：单头螺纹切削时，为主轴基准脉冲处距离切削起始点的主轴转角（缺省值为 0）；多头螺纹切削时，为相邻螺纹头的切削起始点之间对应的主轴转角。

⑤ F：螺纹导程。

该指令执行图 2-3-12 所示 $A \rightarrow B \rightarrow C \rightarrow D \rightarrow$

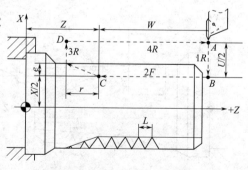

图 2-3-12 直螺纹切削循环

数控车削加工与编程——典型模具零件加工实训

A 的轨迹动作。

注意：螺纹切削循环同 G32 螺纹切削一样，在进给保持状态下，该循环在完成全部动作之后才停止运动。

2. 锥螺纹切削循环

格式：G82 X __ Z __ I __ R __ E __ C __ P __ F __

说明：

① X、Z：绝对值编程时，为螺纹终点 C 在工件坐标系下的坐标。增量值编程时，为螺纹终点 C 向对于循环起点 A 的有向距离，图形中用 U、W 表示。

② I：为螺纹起点 B 与螺纹终点 C 的半径差。其符号为差的符号（无论是绝对值编程还是增量值编程）。

③ R、E：螺纹切削的退尾量，R、E 均为向量，R 为 Z 向回退量；E 为 X 向回退量，R、E 可以省略，表示不用回退功能。

④ C：螺纹头数，为 0 或 1 时切削单头螺纹。

⑤ P：单头螺纹切削时，为主轴基准脉冲处距离切削起始点的主轴转角（缺省值为 0）；多头螺纹切削时，为相邻螺纹头的切削起始点之间对应的主轴转角。

⑥ F：螺纹导程；

该指令执行图 2-3-13 所示 $A \rightarrow B \rightarrow C \rightarrow D \rightarrow A$ 的轨迹动作。

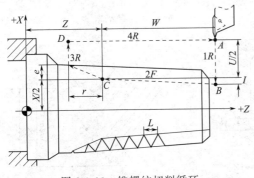

图 2-3-13　锥螺纹切削循环

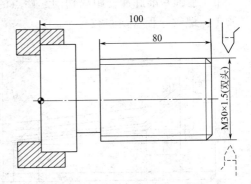

图 2-3-14　G82 切削循环编程实例

【例 2】如图 2-3-14 所示，用 G82 指令编程，毛坯外形已加工完成。

程序：

```
% 3323
N1 G55 G00 X35 Z104          (选定坐标系 G55,到循环起点)
N2 M03 S300                  (主轴以 300r/min 正转)
N3 G82 X29.2 Z18.5 C2 P180 F3   (第一次循环切螺纹,切深 0.8mm)
N4 X28.6 Z18.5 C2 P180 F3    (第二次循环切螺纹,切深 0.4mm)
N5 X28.2 Z18.5 C2 P180 F3    (第三次循环切螺纹,切深 0.4mm)
N6 X28.04 Z18.5 C2 P180 F3   (第四次循环切螺纹,切深 0.16mm)
N7 M30                       (主轴停、主程序结束并复位)
```

四、螺纹切削复合循环 G76

格式：G76 C（c）R（r）E（e）A（a）X（x）Z（z）I（i）K（k）U（d）V（Δdmin）

Q（Δd）P（p）F（L）

说明：螺纹切削复合循环 G76 执行如图 2-3-15 所示的加工轨迹。其单边切削及参数如图 2-3-16 所示。其中：

① c：精整次数（1～99），为模态值。

② r：螺纹 Z 向退尾长度（00～99），为模态值。

③ e：螺纹 X 向退尾长度（00～99），为模态值。

④ a：刀尖角度（二位数字），为模态值。在 80°、60°、55°、30°、29° 和 0° 六个角度中选一个。

⑤ x、z：绝对值编程时，为有效螺纹终点 C 的坐标。增量值编程时，为有效螺纹终点 C 向对于循环起点 A 的有向距离（用 G91 指令定义为增量编程，使用后用 G90 定义为绝对编程）。

⑥ i：螺纹两端的半径差，如 $i=0$，为直螺纹（圆柱螺纹）切削方式。

⑦ k：螺纹高度，该值由 X 轴方向上的半径值指定。

⑧ Δd_{min}：最小切削深度（半径值）。当第 n 次切削深度（$\Delta d\sqrt{n}-\Delta d\sqrt{n-1}$），小于 Δd_{min} 时，则切削深度设定为 Δd_{min}；

⑨ d：精加工余量（半径值）。

⑩ Δd：第一次切削深度（半径值）。

⑪ p：主轴基准脉冲处距离切削起始点的主轴转角。

⑫ L：螺纹导程（同 G32）。

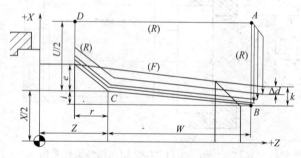

图 2-3-15　螺纹切削复合循环 G76

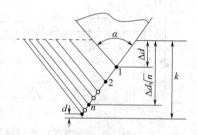

图 2-3-16　G76 循环单边切削及其参数

注意：按 G76 段中的 X（x）和 Z（z）指令实现循环加工，增量编程时，要注意 U 和 W 的正负号（由刀具轨迹 AC 和 CD 段的方向决定）。

G76 循环进行单边切削，减小了刀尖的受力。第一次切削时切削深度为 Δd，第 n 次的切削总深度为 $\Delta d\sqrt{n}$，每次循环的背吃刀量为 $\Delta d(\sqrt{n}-\sqrt{n-1})$。

图 2-3-15 中，C 点到 D 点的切削速度由 F 代码指定，而其他轨迹均为快速进给。

【例3】用螺纹切削复合循环 G76 指令编程，加工螺纹为 ZM60×2，工件尺寸见图 2-3-17，其

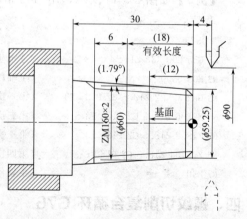

图 2-3-17　G76 循环切削编程实例

中括弧内尺寸根据标准得到。

程序：

```
%3338
N1 T0101                                                （换一号刀,确定其坐标系）
N2 G00 X100 Z100                                        （到程序起点或换刀点位置）
N3 M03 S400                                             （主轴以 400r/min 正转）
N4 G00 X90 Z4                                           （到简单循环起点位置）
N5 G80 X61.125 Z-30 I-1.063 F80                         （加工锥螺纹外表面）
N6 G00 X100 Z100 M05                                    （到程序起点或换刀点位置）
N7 T0202                                                （换二号刀,确定其坐标系）
N8 M03 S300                                             （主轴以 300r/min 正转）
N9 G00 X90 Z4                                           （到螺纹循环起点位置）
N10 G76C2R-3E1.3A60X58.15Z-24I-0.875K1.299U0.1V0.1Q0.9F2
N11 G00 X100 Z100                                       （返回程序起点位置或换刀点位置）
N12 M05                                                 （主轴停）
N13 M30                                                 （主程序结束并复位）
```

学习过程三　实施计划

1. 编写模板定位销零件程序

程序：

2. 刀具、量具准备

根据图纸要求，分析加工零件形状，将需要使用到的工量具填写到工量具列表（见表 2-3-7）、刀具列表（见表 2-3-8）中。并按要求领用量具、刀具，进行刃磨。

表 2-3-7　工量具列表

序号	工量具名称	规格	数量	在本任务中的用途	备注

注：此表不够填写可另附页。

表 2-3-8　刀具列表

序号	刀具名称	规格	在本任务中的用途	备注

3. 实施过程记录表

实施计划过程中，组内要做好实施过程记录（见表 2-3-9），包括实训过程、讨论内容、解决办法、执行情况等。

表 2-3-9　实施过程记录表

序号	时间	过程记录（实训过程、讨论记录、解决办法等）	备注

学习过程四　任务总结

各组要进行总结，完成总结之后，教师和学生在课堂上一起进行互动总结。互动总结内容主要包括：各组派代表总结组内实训情况，结果如何；各组进行交流，问题答辩等；教师提出问题，学生回答等。

【任务评价】

1. 自我评价(表2-3-10)

表2-3-10 活动过程评价自评表

班级：_____ 姓名：_____ 学号：_____ 号 201___年___月___日

评价项目及标准		配分/分	等级评定			
			A	B	C	D
操作技能	1. 熟悉加工工艺流程选择、技能技巧、工艺路线优化	10				
	2. 动手能力强，理论联系实际，善于灵活应用	10				
	3. 熟练车削台阶轴的各项操作技能，基本功扎实	10				
	4. 熟悉质量分析、结合实际，提高自己综合实践能力	10				
	5. 掌握加工精度控制	10				
	6. 识图能力强，掌握尺寸公差的计算、术语及懂得相关专业理论知识	10				
	7. 了解车工常用工具种类和用途；掌握量具的结构、刻线原理及读数方法，并了解量具的维护保养	10				
实习过程	1. 安全操作情况 2. 平时实习的出勤情况 3. 每天的练习完成质量 4. 每天考核的操作技能 5. 每天对实习岗位卫生清洁、工具的整理保管及实习场所卫生清扫情况	20				
情感态度	1. 教师的互动 2. 良好的劳动习惯 3. 组员的交流、合作 4. 实践动手操作的兴趣、态度、主动积极性	10				
合计		100				
简要评述						

等级评定：A：优（10分），B：好（8分），C：一般（6分），D：有待提高（4分）。

项目三　模板定位销（螺纹结构轴）的加工

2. 相互评价(表2-3-11)

表 2-3-11 活动过程评价互评表

被评人姓名：_____ 学号：_____号 201 年___月___日 评价人：_____

评价项目及标准		配分/分	等级评定			
			A	B	C	D
操作技能	1. 熟悉加工工艺流程选择、技能技巧、工艺路线优化	10				
	2. 动手能力强，理论联系实际，善于灵活应用	10				
	3. 熟练车工专业各项操作技能，基本功扎实	10				
	4. 熟悉质量分析、结合实际、提高自己综合实践能力	10				
	5. 掌握加工精度控制和尺寸链的基本算法	10				
	6. 识图能力强（工艺尺寸链、形位公差符号），掌握公差与配合的概念、述语及懂得相关专业理论知识	10				
	7. 了解车工常用工具种类和用途；掌握量具的结构、刻线原理及读数方法，并了解量具的维护保养	10				
实习过程	1. 安全操作情况 2. 平时实习的出勤情况 3. 每天的练习完成质量 4. 每天考核的操作技能 5. 每天对实习岗位卫生清洁、工具的整理保管及实习场所卫生清扫情况	20				
情感态度	1. 教师的互动 2. 良好的劳动习惯 3. 组员的交流、合作 4. 实践动手操作的兴趣、态度、主动积极性	10				
合计		100				
简要评述						

等级评定：A：优（10分），B：好（8分），C：一般（6分），D：有待提高（4分）。

3. 教学过程教师评价(见附录一)

项目四　衬套（套类零件）的加工

学习目标

① 能识读与分析衬套零件的图纸。

② 能根据图纸信息要求，准备合适的钻头、内孔车刀等工具。

③ 能选择合适的切削工艺参数。

④ 能合理安排工序，制定轴套零件的加工工艺。

⑤ 能选定合理的进退刀位置，使用 G71 等复合固定循环指令完成内孔加工程序的编制。

⑥ 能正确安装钻头和内孔车刀，并注意刀具干涉问题。

⑦ 能在加工程序运行中，根据监控情况修正程序参数，保证零件尺寸。

⑧ 使用量具测量内孔尺寸，对零件进行质量检测。

任务内容

1. 知识部分

① 内孔车刀的种类。

② 内孔车刀的安装方法。

③ 轴套件加工工艺流程分析方法。

④ 复合固定循环指令 G71 在内孔加工中的应用方法。

⑤ 内孔车削加工过程中刀具补偿调整方法。

⑥ 轴套件质量检测方法。

2. 技能部分

① 能制定衬套零件的车削加工工艺流程。

② 掌握编制衬套的加工程序的能力。

③ 能完成钻孔操作，符合内孔车削加工的尺寸要求。

④ 按加工过程的实际情况对刀具补偿值进行调整。

⑤ 完成对衬套零件的检测。

【实施项目】

学习过程一　接受任务

通过考察学校周边的模具制造企业，结合课程学习的进度，从企业挑选出有针对性的项目：衬套的加工。学生从教师处接受任务，生产派工单见表 2-4-1。读懂衬套零件图信息，通过熟悉数控车间工作环境，掌握衬套的编程方法，制定衬套工艺步骤，选用工量具，采用车削方法完成零件的制作。本项目学生只需完成车削与钳工的工序，其他加工或热处理工序不必做。本项目要求每位学生完成一个零件，零件图要求如图 2-4-1 所示。

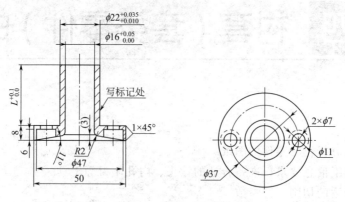

图 2-4-1　零件图要求

表 2-4-1　生产派工单

单号：_____　开单部门：_____　开单人：_____

开单时间：_____年___月___日___时___分　接单人：_____部_____小组_____（签名）

以下由开单人填写		
产品名称		完成工时	
产品技术要求	按图样加工，满足使用功能要求	

以下由接单人和确认方填写		
领取材料（含消耗品）		成本核算	金额合计： 仓管员（签名） 年　月　日
领用工具			
操作者检测			（签名） 年　月　日
班组检测			（签名） 年　月　日
质检员检测			（签名） 年　月　日
生产数量统计	合格		
	不良		
	返修		
	报废		

学习过程二　制定工作计划

　　各小组成员认真分析零件图纸，确定工作的内容及工作要求，然后进行组内分工。

1. 确定分工情况（表 2-4-2）

表 2-4-2　分工情况

序号	开始时间	结束时间	工作内容	工作要求	分工情况	备注

2. 按照要求填写零件加工过程卡片（表 2-4-3）

表 2-4-3　零件加工过程卡片

客户		编号		材料		数量	
名称		图号		编制			
校核		批准		定额		年　月　日	
序号	工序名称		加工步骤及工序内容		单件工时（分）		
1	车工		1. 车上端面，车外圆；车断				
			2. 调头校夹，车下端面；钻孔；车内孔				
2	钳工		去毛刺、锐边				
3	钻削		钻两边沉头孔				
4	热处理		淬火 45HRC				
5	钳工		拆铁线，清洁零件				
更改标记		更改处数		更改人及日期			

3. 填写零件加工工序卡片（表2-4-4）

表 2-4-4　零件加工工序卡片

单位		产品名称或代号			零件名称	零件图号
		车　间			使用设备	
（工序简图）		工艺序号			程序编号	
		夹具名称			夹具编号	

工步号	工步作业内容	刀具号	刀具名称	刀补量/mm	主轴转速/(r/min)	进给速度/(mm/r)	背吃刀量/mm	备注
1								
2								
3								
4								
5								
6								
7								
8								

编制		审核		批准		年　月　日		共　　页

【知识链接】

一、车孔基本知识

1. 套类零件的结构类型

图2-4-2通孔、阶梯孔、盲孔为套类零件中常见的三种基本结构。

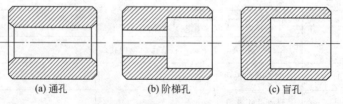

(a) 通孔　　　　　　　(b) 阶梯孔　　　　　　　(c) 盲孔

图 2-4-2　套类零件的基本结构

2. 内孔车刀

（1）通孔车刀

通孔车刀如图2-4-3（a）所示。通孔车刀参数：$\kappa_r = 60° \sim 70°$，$\kappa_r' = 15° \sim 30°$。

为了防止后刀面和孔壁发生摩擦，又不使后角磨得太大，一般磨双重后角 $\alpha_{01} = 6° \sim 12°$，$\alpha_{02} = 30°$左右。

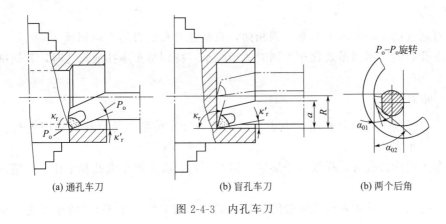

(a) 通孔车刀　　　　　　(b) 盲孔车刀　　　　　(b) 两个后角

图 2-4-3　内孔车刀

（2）盲孔车刀

如图 2-4-3（b）所示。盲孔车刀参数：$\kappa_r = 92° \sim 95°$，如图 2-4-3（b）所示。

后角要求和通孔车刀一样，不同之处是盲孔车刀夹在刀杆的最前端，刀尖到刀杆外端的距离应小于孔半径，否则无法车平孔的底面。

3. 内孔车刀的刃磨步骤

内孔车刀的结构如图 2-4-4 所示。内孔车刀的刃磨步骤如下。

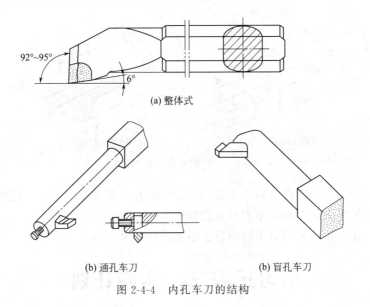

(a) 整体式

(b) 通孔车刀　　　　　　　　(b) 盲孔车刀

图 2-4-4　内孔车刀的结构

① 粗磨前刀面；

② 粗磨主后刀面；

③ 粗磨副后刀面；

④ 粗、精磨前刀面；

⑤ 精磨主后刀面、副后刀面；

⑥ 修磨刀尖圆弧。

二、车孔方法

1. 车直孔

（1）直通孔的车削基本上与车外圆相同，只是进刀和退刀的方向相反。

（2）车孔时的切削用量要比车外圆时适当减小，特别是车小孔或深孔时，其切削用量应更小。

2. 车台阶孔

（1）车直径较小的阶台孔时，由于观察困难而尺寸精度不易掌握，采用先粗、精车小孔，再粗、精车大孔。

（2）车大的阶台孔时，视线不受影响的情况下，一般先粗车大孔和小孔，再精车小孔和大孔。

（3）车削孔径尺寸相差较大的台阶孔时，最好采用主偏角小于90°的车刀先粗车，然后用内偏刀精车。

（4）控制车孔深度的方法，通常采用粗车时在刀柄上刻线作记号，或安装限位铜片以及用床鞍刻线来控制等，车时需用小滑板刻度盘或深度尺来控制，如图2-4-5所示。

3. 车盲孔

车刀刀尖必须对准工件旋转中心，否则不能将孔底车平。车刀刀尖到刀杆外端的距离应小于内孔半径，否则端面不能车到中心。

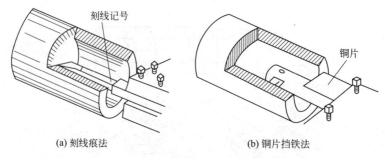

(a) 刻线痕法　　　　　　　　　　　(b) 铜片挡铁法

图 2-4-5　控制车孔深度的方法

（1）粗车盲孔。粗车盲孔包括：车端面、钻中心孔、钻底孔、对刀，用中滑板刻度控制切削深度。车削平底孔时要防止车刀与孔底面碰撞。

（2）精车盲孔。精车时用试车削的方法控制孔径尺寸。

学习过程三　实施计划

1. 编写衬套零件程序

程序：

2. 刀具、量具准备

根据图纸要求，分析加工零件形状，将需要使用到的工量具填写到工量具列表（见表 2-4-5）、刀具列表（见表 2-4-6）中。并按要求领用量具、刀具，进行刃磨。

表 2-4-5　工量具列表

序号	工量具名称	规格	数量	在本任务中的用途	备注

注：此表不够填写可另附页。

表 2-4-6　刀具列表

序号	刀具名称	规格	在本任务中的用途	备注

3. 实施过程记录表

实施计划过程中，组内要做好实施过程记录（见表 2-4-7），包括实训过程、讨论内容、解决办法、执行情况等。

表 2-4-7　实施过程记录表

序号	时间	过程记录（实训过程、讨论记录、解决办法等）	备注

学习过程四　任务总结

　　各组要进行总结，完成总结之后，教师和学生在课堂上一起进行互动总结。互动总结内容主要包括：各组派代表总结组内实训情况，结果如何；各组进行交流，问题答辩等；教师提出问题，学生回答等。并做好总结记录。

【任务评价】

1. 自我评价（表 2-4-8）

表 2-4-8　活动过程评价自评表

班级：_____　姓名：_____　学号：_____号　201___年___月___日

评价项目及标准		配分/分	等级评定			
			A	B	C	D
操作技能	1. 熟悉加工工艺流程选择、技能技巧、工艺路线优化	10				
	2. 动手能力强，理论联系实际，善于灵活应用	10				
	3. 熟练车削台阶段轴的各项操作技能，基本功扎实	10				
	4. 熟悉质量分析、结合实际，提高自己综合实践能力	10				
	5. 掌握加工精度控制	10				
	6. 识图能力强，掌握尺寸公差的计算、术语及懂得相关专业理论知识	10				
	7. 了解车工常用工具种类和用途；掌握量具的结构、刻线原理及读数方法，并了解量具的维护保养	10				
实习过程	1. 安全操作情况 2. 平时实习的出勤情况 3. 每天的练习完成质量 4. 每天考核的操作技能 5. 每天对实习岗位卫生清洁、工具的整理保管及实习场所卫生清扫情况	20				
情感态度	1. 教师的互动 2. 良好的劳动习惯 3. 组员的交流、合作 4. 实践动手操作的兴趣、态度、主动积极性	10				
合计		100				
简要评述						

等级评定：A：优（10分），B：好（8分），C：一般（6分），D：有待提高（4分）。

2. 相互评价（表2-4-9）

表2-4-9 活动过程评价互评表

被评人姓名：_____ 学号：_____号 201___年___月___日 评价人：_____

评价项目及标准		配分/分	等级评定			
			A	B	C	D
操作技能	1. 熟悉加工工艺流程选择、技能技巧、工艺路线优化	10				
	2. 动手能力强，理论联系实际，善于灵活应用	10				
	3. 熟练车工专业各项操作技能，基本功扎实	10				
	4. 熟悉质量分析、结合实际，提高自己综合实践能力	10				
	5. 掌握加工精度控制和尺寸链的基本算法	10				
	6. 识图能力强（工艺尺寸链、形位公差符号），掌握公差与配合的概念、述语及懂得相关专业理论知识	10				
	7. 了解车工常用工具种类和用途；掌握量具的结构、刻线原理及读数方法，并了解量具的维护保养	10				
实习过程	1. 安全操作情况 2. 平时实习的出勤情况 3. 每天的练习完成质量 4. 每天考核的操作技能 5. 每天对实习岗位卫生清洁、工具的整理保管及实习场所卫生清扫情况	20				
情感态度	1. 教师的互动 2. 良好的劳动习惯 3. 组员的交流、合作 4. 实践动手操作的兴趣、态度、主动积极性	10				
合计		100				
简要评述						

等级评定：A：优（10分），B：好（8分），C：一般（6分），D：有待提高（4分）。

3. 教学过程教师评价（见附录一）

项目五 射嘴、吊耳（沟槽件）的加工

学习目标

① 能分析图纸，提取图纸信息。

② 能根据所使用的刀具，选择合适于切槽加工的切削工艺参数。

③ 能合理安排工序，制定沟槽轴零件的加工工艺。

④ 能解释 G04 等指令参数的含义。

⑤ 掌握沟槽轴零件的车削加工。

⑥ 能在加工程序运行中，根据监控情况修正程序参数，保证零件尺寸。

⑦ 使用量具测量槽类零件尺寸，对零件进行质量检测。

任务内容

1. 知识部分

① 常见外槽的种类。

② 外槽的工艺分析。

③ 外槽加工刀具和量具的选用技巧，切削用量的选用原则。

④ 切槽和切断的操作要领。

⑤ 沟槽轴零件加工工艺流程分析方法。

⑥ 槽类工件的检测方法。

2. 技能部分

① 能制定沟槽轴零件的车削加工工艺流程。

② 掌握零件的编程方法。

③ 掌握槽类零件加工操作过程。

④ 掌握对沟槽轴零件的检测与精度控制。

【实施项目】

学习过程一　接受任务

通过考察学校周边的模具制造企业，结合课程学习的进度，从企业挑选出有针对性的项目：射嘴、吊耳的加工。学生从教师处接受任务，生产派工单见表 2-5-1。读懂零件图信息，通过熟悉数控车间工作环境，掌握射嘴、吊耳的编程方法，制定工艺步骤，选用工量具，采用车削方法完成零件的制作。本项目学生只需完成车削与钳工的工序，其他加工或热处理工序不必做。本项目要求每组完成射嘴、吊耳各一个零件，零件图如图 2-5-1 和图 2-5-2 所示。

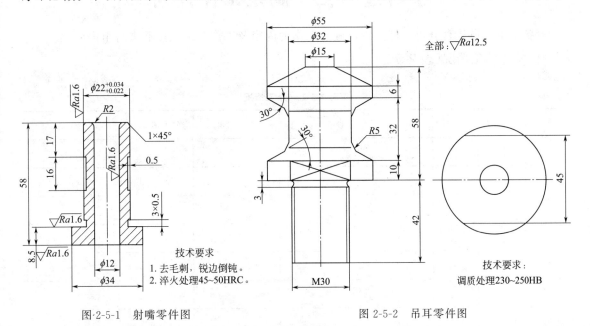

图·2-5-1　射嘴零件图　　　　　　　　　图 2-5-2　吊耳零件图

表 2-5-1　生产派工单

单号：_____　　开单部门：_____　　开单人：_____

开单时间：_____年___月___日___时___分　接单人：_____部_____小组_____（签名）

以下由开单人填写		
产品名称		完成工时	
产品技术要求	按图样加工，满足使用功能要求		

以下由接单人和确认方填写

领取材料 （含消耗品）		成本 核算	金额合计
			仓管员（签名）
领用工具			年　月　日
操作者 检　测			（签名） 年　月　日
班　组 检　测			（签名） 年　月　日
质检员 检　测			（签名） 年　月　日
生产数量 统　计	合格		
	不良		
	返修		
	报废		

学习过程二 制定工作计划

各小组成员认真分析零件图纸，确定工作的内容及工作要求，然后进行组内分工。

1. 确定分工情况（表 2-5-2）

表 2-5-2 分工情况

序号	开始时间	结束时间	工作内容	工作要求	分工情况	备注

2. 按照要求填写射嘴零件加工过程卡片（表 2-5-3）

表 2-5-3 射嘴零件加工过程卡片

客户		编号		材料		数量	
名称	射嘴	图号		编制			
校核		批准		定额		年 月 日	
序号	工序名称	加工步骤及工序内容			单件工时（分）		
1	车工	$\phi 22^{+0.033}_{+0.012}$外圆，留量 0.7，$\phi 12$ 内孔钻扩铰为 $\phi 12^{+0.02}$，保证粗糙度要求，下端面留量 0.5（即 58 尺寸取为 58＋0.5，8.5 尺寸取为 9），外圆倒角去毛刺，其余按图车削					
2	热处理	淬火 45~50HRC					
3	钳工	去铁屑，分类					
4	车工	铰刀重铰内孔					
5	外磨	上心轴，粗精磨 $\phi 22^{+0.033}_{+0.012}$外圆，磨台肩，保证粗糙度要求。					
6	平磨	平磨台肩，磨下端面，取 8.5±0.05					
7	钳工	上油，包装，入库					
更改标记		更改处数			更改人及日期		

3. 填写吊耳零件加工过程卡（表2-5-4）

表 2-5-4　吊耳零件加工过程卡

客户		编号		材料		数量	
名称	吊耳	图号		编制			
校核		批准		定额		年　月　日	
序号	工序名称	加工步骤及工序内容			单件工时（分）		
1	车工	车下端面，打中心孔，夹顶，粗精车 ϕ55 外圆、M30 外圆，车 ϕ32、R5、30° 锥，切槽倒角，车 M30，切断。调头校夹，车上端锥圆，车小端 ϕ15					
2	立铣	铣 45 凸台					
3	钳工	去毛刺，锐边倒钝，清洁零件，上油，编号，包装，入库					
更改标记		更改处数			更改人及日期		

4. 填写零件加工工序卡片

（1）射嘴数控加工工序卡片（表2-5-5）

表 2-5-5　射嘴数控加工工序卡片

单位		产品名称或代号			零件名称	零件图号
					射嘴	
		车　间			使用设备	
		工艺序号			程序编号	
（工序简图）						
		夹具名称			夹具编号	

工步号	工步作业内容	刀具号	刀具名称	刀补量/mm	主轴转速/(r/min)	进给速度/(mm/r)	背吃刀量/mm	备注
1								
2								
3								
4								
5								
6								
7								
8								
编制		审核		批准	年　月　日		共　页	

（2）吊耳数控加工工序卡片（表 2-5-6）

表 2-5-6　吊耳数控加工工序卡片

单位		产品名称或代号				零件名称	零件图号	
						吊耳		
		车　间				使用设备		
		工艺序号				程序编号		
（工序简图）								
		夹具名称				夹具编号		
工步号	工步作业内容	刀具号	刀具名称	刀补量/mm	主轴转速 /(r/min)	进给速度 /(mm/r)	背吃刀量/mm	备注
1								
2								
3								
4								
5								
6								
7								
8								
编制		审核		批准		年　月　日	共　页	

【知识链接】

一、切断刀和车槽刀

1. 高速钢车槽（切断）刀

高速钢车槽（切断）刀的形状如图 2-5-3 所示。

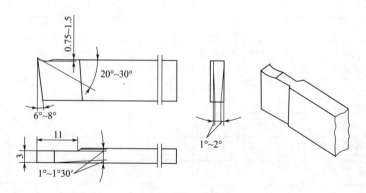

图 2-5-3　高速钢车槽刀（切断刀）的形状

2. 硬质合金车槽(切断)刀

图 2-5-4 所示为硬质合金车槽刀（切断刀），为了增加刀头的支撑刚度，常将车槽（切断）刀的刀头下部做成凸圆弧形。

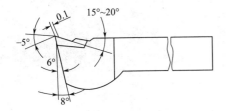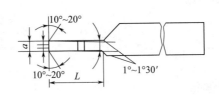

图 2-5-4　硬质合金车槽刀（切断刀）

二、车槽方法

1. 窄浅槽的加工方法

加工窄而浅的槽一般用 G01 指令直进切削即可。若精度要求较高时，可在槽底用 G04 指令使刀具停留几秒钟，以光整槽底。

暂停指令 G04 格式：G04　P _

说明：

① P：暂停时间，单位为 s。

② G04 在前一程序段的进给速度降到零之后才开始暂停动作。

③ 在执行含 G04 指令的程序段时，先执行暂停功能。

④ G04 为非模态指令，仅在其被规定的程序段中有效。

⑤ G04 可使刀具作短暂停留，以获得圆整而光滑的表面。该指令除用于切槽、钻镗孔外，还可用于拐角轨迹控制。

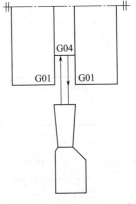

图 2-5-5　窄槽加工方法示意图

2. 窄深槽(或切断)的加工方法

窄而深的槽（或切断）的加工如图 2-5-5 所示。

3. 宽槽的加工方法

宽槽的加工，如图 2-5-6 所示。

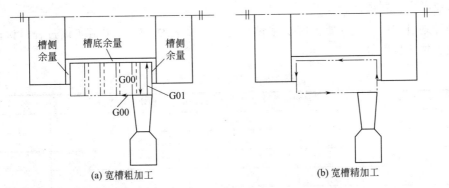

图 2-5-6　宽槽加工示意图

学习过程三　实施计划

1. 编写衬套零件程序

程序：

2. 刀具、量具准备

根据图纸要求，分析加工零件形状，将需要使用到的工量具填写到工量具列表（见表 2-5-7）、刀具列表（见表 2-5-8）中，并按要求领用量具、刀具，进行刃磨。

表 2-5-7　工量具列表

序号	工量具名称	规格	数量	在本任务中的用途	备注

注：此表不够填写可另附页。

表 2-5-8　刀具列表

序号	刀具名称	规格	在本任务中的用途	备注

3. 实施过程记录表

实施计划过程中，组内要做好实施过程记录（见表 2-5-9），包括实训过程、讨论内容、解决办法、执行情况等。

表 2-5-9　实施过程记录表

序号	时间	过程记录（实训过程、讨论记录、解决办法等）	备注

学习过程四　任务总结

　　各组要进行总结，完成总结之后，教师和学生在课堂上一起进行互动总结。互动总结内容主要包括：各组派代表总结组内实训情况，结果如何；各组进行交流，问题答辩等；教师提出问题，学生回答等，并做好总结记录。

【任务评价】

1. 自我评价（表2-5-10）

表 2-5-10　活动过程评价自评表

班级：_____　姓名：_____　学号：_____号　201___年___月___日

评价项目及标准		配分/分	等级评定			
			A	B	C	D
操作技能	1. 熟悉加工工艺流程选择、技能技巧、工艺路线优化	10				
	2. 动手能力强，理论联系实际，善于灵活应用	10				
	3. 熟练车削台阶段轴的各项操作技能，基本功扎实	10				
	4. 熟悉质量分析、结合实际，提高自己综合实践能力	10				
	5. 掌握加工精度控制	10				
	6. 识图能力强，掌握尺寸公差的计算、术语及懂得相关专业理论知识	10				
	7. 了解车工常用工具种类和用途；掌握量具的结构、刻线原理及读数方法，并了解量具的维护保养	10				
实习过程	1. 安全操作情况 2. 平时实习的出勤情况 3. 每天的练习完成质量 4. 每天考核的操作技能 5. 每天对实习岗位卫生清洁、工具的整理保管及实习场所卫生清扫情况	20				
情感态度	1. 教师的互动 2. 良好的劳动习惯 3. 组员的交流、合作 4. 实践动手操作的兴趣、态度、主动积极性	10				
合计		100				
简要评述						

　　等级评定：A：优（10分），B：好（8分），C：一般（6分），D：有待提高（4分）。

2. 相互评价（表 2-5-11）

表 2-5-11 活动过程评价互评表

被评人姓名：_____ 学号：_____ 号 201___年___月___日 评价人：_____

评价项目及标准		配分/分	等级评定			
			A	B	C	D
操作技能	1. 熟悉加工工艺流程选择、技能技巧、工艺路线优化	10				
	2. 动手能力强，理论联系实际，善于灵活应用	10				
	3. 熟练车工专业各项操作技能，基本功扎实	10				
	4. 熟悉质量分析、结合实际，提高自己综合实践能力	10				
	5. 掌握加工精度控制和尺寸链的基本算法	10				
	6. 识图能力强（工艺尺寸链、形位公差符号），掌握公差与配合的概念、述语及懂得相关专业理论知识	10				
	7. 了解车工常用工具种类和用途；掌握量具的结构、刻线原理及读数方法，并了解量具的维护保养	10				
实习过程	1. 安全操作情况 2. 平时实习的出勤情况 3. 每天的练习完成质量 4. 每天考核的操作技能 5. 每天对实习岗位卫生清洁、工具的整理保管及实习场所卫生清扫情况	20				
情感态度	1. 教师的互动 2. 良好的劳动习惯 3. 组员的交流、合作 4. 实践动手操作的兴趣、态度、主动积极性	10				
合计		100				
简要评述						

等级评定：A：优（10分），B：好（8分），C：一般（6分），D：有待提高（4分）。

3. 教学过程教师评价（见附录一）

项目六 综合配合件的加工

① 根据图纸实际，准备车削加工工具；
② 制定综合配合件加工工艺方案；
③ 掌握简单宏程序的编制；
④ 正确完成零件调头装夹，并注意加工过程中刀具干涉问题；
⑤ 正确使用百分表找正调头装夹的零件，保证加工后零件两端同轴度符合要求；
⑥ 以老师指导、小组合作的方式，操作数控车床，完成零件的加工；
⑦ 能在加工程序运行中，根据监控情况修正程序参数，保证零件尺寸。

任务内容

1. 知识部分

① 综合配合件的工艺分析。
② 宏程序的编制。
③ 零件调头装夹的方法。
④ 百分表校正工件同轴度的方法。
⑤ 在装夹过程中保护已经加工表面的注意事项。

2. 技能部分

① 掌握综合配合件的车削加工工艺编制。
② 掌握编制综合配合件的加工程序，并进行调试。
③ 掌握程序运行操作，完成加工至零件图纸尺寸要求。
④ 掌握综合配合件的配合加工方法。
⑤ 能按加工过程的实际情况对刀具补偿值进行调整。
⑥ 能根据加工的情况及零件检测的结果，修改加工工艺方案。

【实施项目】

学习过程一　接受任务

通过考察学校周边的模具制造企业，结合课程学习的进度，挑选出有针对性的项目：综合配合件的加工。学生从教师处接受任务，生产派工单见表 2-6-1。读懂零件图信息，通过熟悉数控车间工作环境，掌握的综合配合件编程方法，制定工艺步骤，选用工量具，采用车削方法完成零件的制作。本项目学生只需完成车削与钳工的工序，其他加工或热处理工序不必做。本项目要求每组完成综合配合件一个，零件图要求如图 2-6-1～图 2-6-4 所示。

表 2-6-1　生产派工单

单号：_____　开单部门：_____　开单人：_____

开单时间：_____年___月___日___时___分　接单人：_____部_____小组_____（签名）

以下由开单人填写			
产品名称		完成工时	
产品技术要求	按图样加工，满足使用功能要求		

以下由接单人和确认方填写			
领取材料（含消耗品）		成本核算	金额合计：仓管员（签名）年　月　日
领用工具			
操作者检测			（签名）年　月　日
班　组检　测			（签名）年　月　日
质检员检　测			（签名）年　月　日

生产数量统　计	合格	
	不良	
	返修	
	报废	

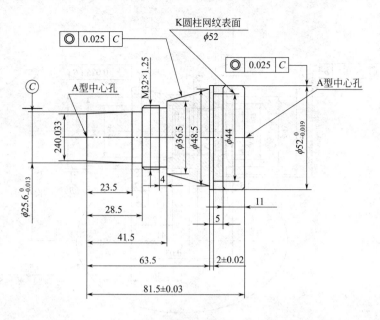

零件 1			材料		图号	
			比例			
制图		日期：		综合配合件		
校核		日期：				

图 2-6-1 零件 1 图

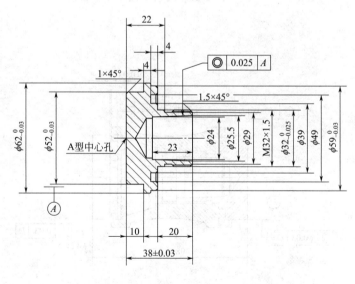

零件 2			材料		图号	
			比例			
制图		日期：		综合配合件		
校核		日期：				

图 2-6-2 零件 2 图

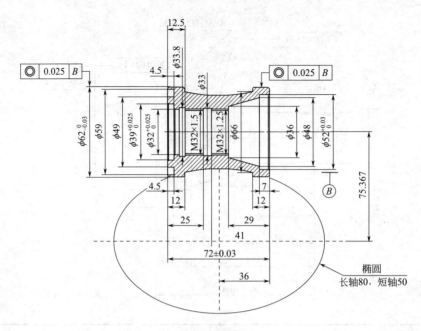

零件 3			材料		图号	
			比例			
制图		日期：	综合配合件			
校核		日期：				

图 2-6-3 零件 3 图

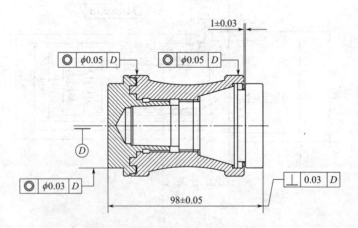

组合图			材料		图号	
			比例			
制图		日期：	综合配合件			
校核		日期：				

图 2-6-4 组合图

学习过程二 制定工作计划

各小组成员认真分析零件图纸，确定工作的内容及工作要求，然后进行组内分工。

1. 确定分工情况(表2-6-2)

表 2-6-2 分工情况

序号	开始时间	结束时间	工作内容	工作要求	分工情况	备注

2. 按照要求填写零件加工过程卡片

(1) 零件 1 加工过程卡（表 2-6-3）

表 2-6-3 零件 1 加工过程卡

客户		编号		材料		数量	
名称		图号		编制			
校核		批准		定额		年 月 日	
序号	工序名称		加工步骤及工序内容			单件工时（分）	
更改标记		更改处数			更改人及日期		

（2）零件 2 加工过程卡（表 2-6-4）

表 2-6-4　零件 2 加工过程卡

客户		编号		材料		数量	
名称		图号		编制			
校核		批准		定额		年　月　日	
序号	工序名称	加工步骤及工序内容			单件工时（分）		
更改标记		更改处数			更改人及日期		

（3）零件 3 加工过程卡（表 2-6-5）

表 2-6-5　零件 3 加工过程卡

客户		编号		材料		数量	
名称		图号		编制			
校核		批准		定额		年　月　日	
序号	工序名称	加工步骤及工序内容			单件工时（分）		
更改标记		更改处数			更改人及日期		

3. 填写零件加工工序卡片

（1）零件 1 数控加工工序卡片（表 2-6-6）

表 2-6-6　零件 1 数控加工工序卡片

单位			产品名称或代号			零件名称	零件图号
（工序简图）			车　　间			使用设备	
			工艺序号			程序编号	
			夹具名称			夹具编号	

工步号	工步作业内容	刀具号	刀具名称	刀补量/mm	主轴转速/(r/min)	进给速度/(mm/r)	背吃刀量/mm	备注
1								
2								
3								
4								
5								
6								
7								
8								
编制		审核		批准		年　月　日		共　页

（2）零件 2 数控加工工序卡片（表 2-6-7）

表 2-6-7　零件 2 数控加工工序卡片

单位			产品名称或代号			零件名称	零件图号
（工序简图）			车　　间			使用设备	
			工艺序号			程序编号	
			夹具名称			夹具编号	

工步号	工步作业内容	刀具号	刀具名称	刀补量/mm	主轴转速/(r/min)	进给速度/(mm/r)	背吃刀量/mm	备注
1								
2								
3								
4								
5								
6								
7								
8								
编制		审核		批准		年　月　日		共　页

（3）零件 3 数控加工工序卡片（表 2-6-8）

表 2-6-8　零件 3 数控加工工序卡片

单位		产品名称或代号			零件名称	零件图号
	（工序简图）	车　间			使用设备	
		工艺序号			程序编号	
		夹具名称			夹具编号	

工步号	工步作业内容	刀具号	刀具名称	刀补量/mm	主轴转速/(r/min)	进给速度/(mm/r)	背吃刀量/mm	备注
1								
2								
3								
4								
5								
6								
7								
8								
编制		审核		批准		年　月　日		共　页

【知识链接】

　　HNC-21/22T 为用户配备了强有力的类似于高级语言的宏程序功能，用户可以使用变量进行算术运算、逻辑运算和函数的混合运算，此外，宏程序还提供了循环语句、分支语句和子程序调用语句，有利于编制各种复杂的零件加工程序，减少乃至免除手工编程时进行繁琐的数值计算，以及精简程序量。

1. 运算符与表达式

　　（1）算术运算符：＋、－、＊、/。

　　（2）条件运算符

　　① EQ（＝）、NE（≠）、GT（＞）；

　　② GE（≥）、LT（＜）、LE（≤）。

　　（3）逻辑运算符：AND、OR、NOT。

数控车削加工与编程——典型模具零件加工实训

（4）函数

① SIN、COS、TAN、ATAN、ATAN2；

② ABS、INT、SIGN、SQRT、EXP。

（5）表达式

用运算符连接起来的常数、宏变量构成表达式。

例如：175/SQRT [2] ＊ COS [55 ＊ PI/180]；

　　　♯3＊6 GT 14。

2. 赋值语句

格式：宏变量＝常数或表达式

把常数或表达式的值送给一个宏变量称为赋值。

例如：♯2 ＝ 175/SQRT [2] ＊ COS [55 ＊ PI/180]；

　　　♯3 ＝ 124.0；

3. 条件判别语句(IF，ELSE，ENDIF)

格式（1）：IF 条件表达式

　…

ELSE

…

ENDIF

格式（2）：IF 条件表达式

…

ENDIF

4. 循环语句（WHILE，ENDW）

格式：WHILE 条件表达式

…

ENDW

学习过程三　实施计划

1. 编写程序

程序：

2. 刀具、量具准备

根据图纸要求，分析加工零件形状，将需要使用到的工量具填写到工量具列表（见表 2-6-9）、刀具列表（见表 2-6-10）中，并按要求领用量具、刀具，进行刃磨。

表 2-6-9　工量具列表

序号	工量具名称	规格	数量	在本任务中的用途	备注

注：此表不够填写可另附页。

表 2-6-10　刀具列表

序号	刀具名称	规格	在本任务中的用途	备注

3. 实施过程记录表

实施计划过程中，组内要做好实施过程记录（见表 2-6-11），包括实训过程、讨论内容、解决办法、执行情况等。

表 2-6-11　实施过程记录表

序号	时间	过程记录（实训过程、讨论记录、解决办法等）	备注

学习过程四 　任务总结

各组要进行总结，完成总结之后，教师和学生在课堂上一起进行互动总结。互动总结内容主要包括：各组派代表总结组内实训情况，结果如何；各组进行交流，问题答辩等；教师提出问题，学生回答等。并做好总结记录。

【任务评价】

1. 自我评价

表 2-6-12　活动过程评价自评表

班级：_____　姓名：_____　学号：_____ 号　201___年___月___日

评价项目及标准		配分/分	等级评定			
			A	B	C	D
操作技能	1. 熟悉加工工艺流程选择、技能技巧、工艺路线优化	10				
	2. 动手能力强，理论联系实际，善于灵活应用	10				
	3. 熟练车削台阶段轴的各项操作技能，基本功扎实	10				
	4. 熟悉质量分析、结合实际，提高自己综合实践能力	10				
	5. 掌握加工精度控制	10				
	6. 识图能力强，掌握尺寸公差的计算、术语及懂得相关专业理论知识	10				
	7. 了解车工常用工具种类和用途；掌握量具的结构、刻线原理及读数方法，并了解量具的维护保养	10				
实习过程	1. 安全操作情况 2. 平时实习的出勤情况 3. 每天的练习完成质量 4. 每天考核的操作技能 5. 每天对实习岗位卫生清洁、工具的整理保管及实习场所卫生清扫情况	20				
情感态度	1. 教师的互动 2. 良好的劳动习惯 3. 组员的交流、合作 4. 实践动手操作的兴趣、态度、主动积极性	10				
合计		100				
简要评述						

等级评定：A：优（10分），B：好（8分），C：一般（6分），D：有待提高（4分）。

2. 相互评价（表2-6-13）

表 2-6-13　活动过程评价互评表

被评人姓名：_____　学号：_____号　201___年___月___日　评价人：_____

评价项目及标准		配分	等级评定			
			A	B	C	D
操作技能	1. 熟悉加工工艺流程选择、技能技巧、工艺路线优化	10				
	2. 动手能力强，理论联系实际，善于灵活应用	10				
	3. 熟练车工专业各项操作技能，基本功扎实	10				
	4. 熟悉质量分析、结合实际，提高自己综合实践能力	10				
	5. 掌握加工精度控制和尺寸链的基本算法	10				
	6. 识图能力强（工艺尺寸链、形位公差符号），掌握公差与配合的概念、述语及懂得相关专业理论知识	10				
	7. 了解车工常用工具种类和用途；掌握量具的结构、刻线原理及读数方法，并了解量具的维护保养	10				
实习过程	1. 安全操作情况 2. 平时实习的出勤情况 3. 每天的练习完成质量 4. 每天考核的操作技能 5. 每天对实习岗位卫生清洁、工具的整理保管及实习场所卫生清扫情况	20				
情感态度	1. 教师的互动 2. 良好的劳动习惯 3. 组员的交流、合作 4. 实践动手操作的兴趣、态度、主动积极性	10				
合计		100				
简要评述						

等级评定：A：优（10分），B：好（8分），C：一般（6分），D：有待提高（4分）。

3. 教学过程教师评价（见附录一）

数控车削加工与编程——典型模具零件加工实训

附　录

附录一　教学过程教师评价表

附表 1　教学过程教师评价表

项目名称：＿＿＿＿＿＿＿＿＿＿　日期：＿＿＿＿＿＿＿＿＿＿

分项			职业素养（30%）				专业能力（70%）										合计
评价项目			出勤准时率	学习态度	承担任务量	团队协作性	工艺方案设计的正确性	工艺方案的可行性	方案实施操作的规范性和安全性	方案实施的精益化工作理念	零件加工质量稳定性	检验数据的可信度	数据分析的逻辑性和结论正确性	项目总结完整性、规范性	项目总结科学严谨性	项目总结应用工艺及方法正确性	安全文明生产及8S	
序号	学生姓名	分值	6分	6分	8分	10分	5分	5分	15分	5分	10分	5分	5分	5分	5分	5分	5分	100分

评价内容

分项		职业素养（30%）				专业能力（70%）										合计
评价项目		出勤准时率	学习态度	承担任务量	团队协作性	工艺方案设计的正确性	工艺方案的可行性	方案实施操作的规范性和安全性	方案实施的精益化工作理念	零件加工质量稳定性	检验数据的可信度	数据分析的逻辑性和结论正确性	项目总结完整性、规范性	项目总结科学严谨性	项目总结应用工艺及方法正确性	安全文明生产及8S	
序号	学生姓名	分值															100分
		6分	6分	8分	10分	5分	5分	15分	5分	10分	5分	5分	5分	5分	5分	5分	100分

附录二　常用数控系统指令

一、华中世纪星 HNC-21T 数控装置 G 功能指令（见附表 2）

附表 2　HNC-21T 数控装置 G 功能指令一览表

G 代码	组	功能	参数（后续地址字）
G00	01	快速定位	X，Z
G01		直线插补	同上
G02		顺圆插补	X，Z，I，K，R
G03		逆圆插补	同上
G04	00	暂停	P
G20	08	英寸输入	X，Z 同上
G21		毫米输入	
G28	00	返回刀参考点	
G29		由参考点返回	
G32	01	螺纹切削	X，Z，R，E，P，F
G36	17	直径编程	
G37		半径编程	
G40	09	刀尖半径补偿取消	
G41		左刀补	T
G42		右刀补	T
G54	11	坐标系选择	
G55			
G56			
G57			
G58			
G59			
G65		宏指令简单调用	P，A～Z
G71	06	外径/内径车削复合循环	X，Z，U，W，C，P，
G72		端面车削复合循环	Q，R，E
G73		闭环车削复合循环	
G76		螺纹切削复合循环	
G80		外径/内径车削固定循环	X，Z，I，K，C，P，
G81		端面车削固定循环	R，E
G82		螺纹切削固定循环	
G90	13	绝对编程	
G91		相对编程	
G92	00	工件坐标系设定	X，Z
G94	14	每分钟进给	
G95		每转进给	
G96	16	恒线速度切削	S
G97			

二、广州数控 980TD 系统 G 指令功能一览表（见附表 3）

附表 3　G 指令功能一览表

指令字	组别	功能	备注
G00		快速移动	初态 G 指令
G01		直线插补	模态 G 指令
G02		圆弧插补（逆时针）	
G03	01	圆弧插补（顺时针）	
G32		螺纹切削	
G90		轴向切削循环	
G92		螺纹切削循环	
G94		径向切削循环	
G04		暂停、准停	非模态 G 指令
G28		返回机械零点	
G50		坐标系设定	
G65		宏指令	
G70		精加工循环	
G71	00	轴向粗车循环	
G72		径向粗车循环	
G73		封闭切削循环	
G74		轴向切槽多重循环	
G75		径向切槽多重循环	
G76		多重螺纹切削循环	
G96	02	恒线速开	模态 G 指令
G97		恒线速关	初态 G 指令
G98	03	每分进给	初态 G 指令
G99		每转进给	模态 G 指令
G40		取消刀尖半径补偿	初态 G 指令
G41	04	刀尖半径左补偿	模态 G 指令
G42		刀尖半径右补偿	

1. 数控机床不能正常动作，可能的原因之一是（　　　）。

　　A. 润滑中断　　　　B. 冷却中断　　　　C. 未进行对刀　　　　D. 未解除急停

2. 数控机床上有一个机械原点，该点到机床坐标零点在进给坐标轴方向上的距离可以在机床出厂时设定，该点称（　　　）。

　　A. 工件零点　　　　B. 机床零点　　　　C. 机床参考点　　　　D. 限位点

3. 工件材料的强度和硬度较高时，为了保证刀具有足够的强度，应取（　　　）的后角。

　　A. 较小　　　　　　B. 较大　　　　　　C. 0 度　　　　　　　D. 30 度

4. 三相异步电动机的过载系数一般为（　　　）。

　　A. 1.1～1.25　　　B. 1.3～0.8　　　　C. 1.8～2.5　　　　D. 0.5～2.5

5. 麻花钻的导向部分有两条螺旋槽，作用是形成切削刃和（　　　）。

　　A. 排除气体　　　　B. 排除切屑　　　　C. 排除热量　　　　D. 减轻自重

6. 测量基准是指工件在（　　　）时所使用的基准。

　　A. 加工　　　　　　B. 装配　　　　　　C. 检验　　　　　　D. 维修

7. 数控车床中，主轴转速功能字 S 的单位是（　　　）。

　　A. mm/r　　　　　　B. r/mm　　　　　　C. mm/min　　　　　D. r/min

8. 轴上的花键槽一般都放在外圆的半精车（　　　）进行。

　　A. 以前　　　　　　B. 以后　　　　　　C. 同时　　　　　　D. 前或后

9. 手锯在前推时才起切削作用，因此锯条安装时应使齿尖的方向（　　　）。

　　A. 朝后　　　　　　B. 朝前　　　　　　C. 朝上　　　　　　D. 无所谓

10. 不符合岗位质量要求的内容是（　　　）。

　　A. 对各个岗位质量工作的具体要求　　　B. 体现在各岗位的作业指导书中

　　C. 是企业的质量方向　　　　　　　　　D. 体现在工艺规程中

11. 下列选项中属于职业道德范畴的是（　　　）。

　　A. 企业经营业绩　　　　　　　　　　　B. 企业发展战略

　　C. 员工的技术水平　　　　　　　　　　D. 人们的内心信念

12. T0102 表示（　　　）。

　　A. 1 号刀 1 号刀补　　　　　　　　　　B. 1 号刀 2 号刀补

　　C. 2 号刀 1 号刀补　　　　　　　　　　D. 2 号刀 2 号刀补

13. 刃磨硬质合金车刀应采用（　　　）砂轮。

　　A. 刚玉系　　　　　B. 碳化硅系　　　　C. 人造金刚石　　　D. 立方氮化硼

14. 可转位车刀刀片尺寸大小的选择取决于（　　　）。

A. 背吃刀量和主偏角　　　　　　　　B. 进给量和前角

C. 切削速度和主偏角　　　　　　　　D. 背吃刀量和前角

15. 螺纹标记 M241.5-5g6g，5g 表示中径公等级为（　　），基本偏差的位置代号为（　　）。

A. g，6 级　　　B. g，5 级　　　C. 6 级，g　　　D. 5 级，g

16. （　　）主要用于制造低速、手动工具及常温下使用的工具、模具、量具。

A. 硬质合金　　　B. 高速钢　　　C. 合金工具钢　　　D. 碳素工具钢

17. 数控车床车圆锥面时产生（　　）误差的原因可能是加工圆锥起点或终点 X 坐标计算错误。

A. 锥度（角度）　　B. 同轴度误差　　C. 圆度误差　　　D. 轴向尺寸误差

18. 切削铸铁、铜等脆性材料时，往往形成不规则的细小颗粒切屑，称为（　　）。

A. 粒状切屑　　　B. 节状切屑　　　C. 带状切屑　　　D. 崩碎切屑

19. 下列项目中属于形状公差的是（　　）。

A. 面轮廓度　　　B. 圆跳动　　　C. 同轴度　　　D. 平行度

20. 加工时用来确定工件在机床上或夹具中占有正确位置所使用的基准为（　　）。

A. 定位基准　　　B. 测量基准　　　C. 装配基准　　　D. 工艺基准

21. 在数控机床上，考虑工件的加工精度要求、刚度和变形等因素，可按（　　）划分工序。

A. 粗、精加工　　B. 所用刀具　　　C. 定位方式　　　D. 加工部位

22. 影响刀具扩散磨损的主要原因是（　　）。

A. 工件材料　　　B. 切削速度　　　C. 切削温度　　　D. 刀具角度

23. 计算机应用最早领域是（　　）。

A. 辅助设计　　　B. 实时控制　　　C. 信息处理　　　D. 数值计算

24. 切槽刀刀头面积小，散热条件（　　）。

A. 差　　　　　　B. 较好　　　　　C. 好　　　　　　D. 很好

25. G96 是启动（　　）控制的指令。

A. 变速度　　　　B. 匀速度　　　　C. 恒线速度　　　D. 角速度

26. 斜垫铁的斜度为（　　），常用于安装尺寸小、要求不高、安装后不需要调整的机床。

A. 1∶2　　　　　B. 1∶5　　　　　C. 1∶10　　　　　D. 1∶20

27. 确定数控机床坐标系统运动关系的原则是假定（　　）。

A. 刀具相对静止的工件而运动　　　　B. 工件相对静止的刀具而运动

C. 刀具、工件都运动　　　　　　　　D. 刀具、工件都不运动

28. 最小极限尺寸与基本尺寸的代数差称为（　　）。

A. 上偏差　　　　B. 下偏差　　　　C. 误差　　　　　D. 公差带

29. G00 是指令刀具以（　　）移动方式，从当前位置运动并定位于目标位置的指令。

A. 点动　　　　　B. 走刀　　　　　C. 快速　　　　　D. 标准

30. 冷却作用最好的切削液是（　　）。

A. 水溶液　　　　B. 乳化液　　　　C. 切削油　　　　D. 防锈剂

31. FANUC 0i 系统中程序段 M98 P0260 表示（　　）。

A. 停止调用子程序　　　　　　　　　B. 调用 1 次子程序"O0260"

C. 调用 2 次子程序 "O0260"　　　　D. 返回主程序

32. G01 属模态指令，在遇到下列（　　　）指令码在程序中出现后，认为有效。

A. G00　　　　B. G02　　　　C. G03　　　　D. G04

33. 加工零件时影响表面粗糙度的主要原因是（　　　）。

A. 刀具装夹误差　　　　　　　　　B. 机床的几何精度

C. 进给不均匀　　　　　　　　　　D. 刀痕和震动

34. 下列材料中（　　　）不属于变形铝合金。

A. 硬铝合金　　　B. 超硬铝合金　　　C. 铸造铝合金　　　D. 锻铝合金

35. 夹紧力的方向应尽量（　　　）于主切削力。

A. 垂直　　　　B. 平行同向　　　C. 倾斜指向　　　D. 平行反向

36. 职业道德的内容包括（　　　）。

A. 从业者的工作计划　　　　　　　B. 职业道德行为规范

C. 从业者享有的权利　　　　　　　D. 从业者的工资收入

37. 不爱护设备的做法是（　　　）。

A. 定期拆装设备　　　　　　　　　B. 正确使用设备

C. 保持设备清洁　　　　　　　　　D. 及时保养设备

38. 在 CRT/MDI 面板的功能键中刀具参数显示，设定的键是（　　　）。

A. OFSET　　　B. PARAM　　　C. PRGAM　　　D. DGNOS

39. 在精车削圆弧面时，应（　　　）进给速度以提高表面粗糙度。

A. 增大　　　　B. 不变　　　C. 减小　　　D. 以上均不对

40. 在工作中保持同事间和谐的关系，要求职工做到（　　　）。

A. 对感情不合的同事仍能给予积极配合

B. 如果同事不经意给自己造成伤害，要求对方当众道歉，以挽回影响

C. 对故意的诽谤，先通过组织途径解决，实在解决不了，再以武力解决

D. 保持一定的嫉妒心，激励自己上进

41. 为了防止换刀时刀具与工件发生干涉，所以，换刀点的位置设在（　　　）。

A. 机床原点　　　B. 工件外部　　　C. 工件原点　　　D. 对刀点

42. FANUC 数控车床系统中 G92 X_Z_F_ 是（　　　）指令。

A. 外圆切削循环　　　　　　　　　B. 端面切削循环

C. 螺纹切削循环　　　　　　　　　D. 纵向切削循环

43. position 可翻译为（　　　）。

A. 位置　　　　B. 坐标　　　C. 程序　　　D. 原点

44. 下列配合中，公差等级选择不适合的为（　　　）。

A. H7/g6　　　B. H9/g9　　　C. H7/f8　　　D. M8/h8

45. CA6140 型普通车床最大加工直径是（　　　）。

A. 200mm　　　B. 140mm　　　C. 400mm　　　D. 614mm

46. 对基本尺寸进行标准化是为了（　　　）。

A. 简化设计过程　　　　　　　　　B. 便于设计时的计算

C. 方便尺寸的测量　　　　　　　　D. 简化定值刀具、量具、型材和零件尺寸的规格

47. 数控机床的日常维护与保养一般情况下应该由（　　　）来进行。

A. 车间领导　　　B. 操作人员　　　C. 后勤管理人员　　　D. 勤杂人员

48. 取消键 CAN 的用途是消除输入（　　）器中的文字符号。

    A. 缓冲　　　　　　B. 寄存　　　　　　C. 运算　　　　　　D. 处理

49. 要执行程序段跳过功能，须在该程序段前输入（　　）标记。

    A. /　　　　　　　B. \　　　　　　　C. +　　　　　　　D. --

50. 用两顶尖装夹工件时，可限制（　　）。

    A. 三个移动三个转动　　　　　　　B. 三个移动两个转动

    C. 两个移动三个转动　　　　　　　D. 两个移动两个转动

51. 选择加工表面的设计基准为定位基准的原则称为（　　）。

    A. 基准重合　　　　B. 自为基准　　　　C. 基准统一　　　　D. 互为基准

52. 切断工件时，工件端面凸起或者凹下，原因可能是（　　）。

    A. 丝杆间隙过大　　　　　　　　　B. 切削进给速度过大

    C. 刀具已经磨损　　　　　　　　　D. 两副偏角过大且不对称

53. G98 F200 的含义是（　　）。

    A. 200m/min　　　B. 200mm/r　　　C. 200r/min　　　D. 200mm/min

54. G 代码表中的 00 组的 G 代码属于（　　）。

    A. 非模态指令　　　B. 模态指令　　　C. 增量指令　　　D. 绝对指令

55. 车外圆时，切削速度计算式中的 D 一般是指（　　）的直径。

    A. 工件待加工表面　　　　　　　　B. 工件加工表面

    C. 工件已加工表面　　　　　　　　D. 工件毛坯

56. 企业标准是由（　　）制定的标准。

    A. 国家　　　　　　B. 企业　　　　　　C. 行业　　　　　　D. 地方

57. 在 AutoCAD 命令输入方式中以下不可采用的方式有（　　）。

    A. 点取命令图标　　　　　　　　　B. 在菜单栏点取命令

    C. 用键盘直接输入　　　　　　　　D. 利用数字键输入

58. 俯视图反映物体的（　　）的相对位置关系。

    A. 上下和左右　　　B. 前后和左右　　　C. 前后和上下　　　D. 左右和上下

59. 镗孔刀尖如低于工件中心，粗车孔时易把孔径车（　　）。

    A. 小　　　　　　　B. 相等　　　　　　C. 不影响　　　　　D. 大

60. 能进行螺纹加工的数控车床，一定安装了（　　）。

    A. 测速发电机　　　B. 主轴脉冲编码器　C. 温度监测器　　　D. 旋转变压器

61. 零件有上、下，左、右，前、后六个方位，在主视图上能反映零件的（　　）方位。

    A. 上下和左右　　　B. 前后和左右　　　C. 前后和上下　　　D. 左右和上下

62. 绝对编程是指（　　）。

    A. 根据与前一个位置的坐标增量来表示位置的编程方法

    B. 根据预先设定的编程原点计算坐标尺寸与进行编程的方法

    C. 根据机床原点计算坐标尺寸与进行编程的方法

    D. 根据机床参考点计算坐标尺寸进行编程的方法

63. 遵守法律法规不要求（　　）。

    A. 延长劳动时间　　　　　　　　　B. 遵守操作程序

    C. 遵守安全操作规程　　　　　　　D. 遵守劳动纪律

64. Fanuc 系统的车床用增量方式编程时的格式是（　　　）。

　　A. G90　G01　X _ Z _　　　　　　　B. G91　G01　X _ Z _

　　C. G01　U _ W _　　　　　　　　　　D. G91　G01　U _ W _

65. Fanuc 数控车床系统中 G90 是（　　　）指令。

　　A. 增量编程　　　　　　　　　　　　B. 圆柱或圆锥面车削循环

　　C. 螺纹车削循环　　　　　　　　　　D. 端面车削循环

66. 为使用方便和减少积累误差，选用量块是应尽量选用（　　　）的块数。

　　A. 很多　　　　　　B. 较多　　　　　　C. 较少　　　　　　D. 5 块以上

67. 下列指令中属于固定循环指令代码的有（　　　）。

　　A. G04　　　　　　B. G02　　　　　　C. G73　　　　　　D. G28

68. 重复定位能提高工件的（　　　），但对工件的定位精度有影响，一般是不允许。

　　A. 塑性　　　　　　B. 强度　　　　　　C. 刚性　　　　　　D. 韧性

69. 前刀面与基面间的夹角是（　　　）。

　　A. 后角　　　　　　B. 主偏角　　　　　C. 前角　　　　　　D. 韧倾角

70. CNC 系统一般可用几种方式的到工件加工程序，其中 MDI 是（　　　）。

　　A. 利用磁盘机读入程序　　　　　　　B. 从串行通信接口接收程序

　　C. 利用键盘以手动方式输入程序　　　D. 从网络通过 Modem 接收程序

71. 液压马达是液压系统中的（　　　）。

　　A. 动力元件　　　　B. 执行元件　　　　C. 控制元件　　　　D. 增压元件

72. 用杠杆千分尺测量工件时，测杆轴线与工件表面夹角 $\alpha = 30°$，测量读数为 0.036mm，其正确测量值为（　　　）mm。

　　A. 0.025　　　　　　B. 0.031　　　　　　C. 0.045　　　　　　D. 0.047

73. 程序段号的作用之一是（　　　）。

　　A. 便于对指令进行校对、检索、修改　　B. 解释指令的含义

　　C. 确定坐标值　　　　　　　　　　　　D. 确定刀具的补偿量

74. 辅助指令 M03 功能是主轴（　　　）指令。

　　A. 反转　　　　　　B. 启动　　　　　　C. 正转　　　　　　D. 停止

75. 下面说法不正确的是（　　　）。

　　A. 进给量越大表面 Ra 值越大

　　B. 工件的装夹精度影响加工精度

　　C. 工件定位前须仔细清理工件和夹具定位部位

　　D. 通常精加工时的 F 值大于粗加工时的 F 值

76. 下列不属于碳素工具钢的牌号为（　　　）。

　　A. T7　　　　　　　B. T8A　　　　　　C. T8Mn　　　　　D. Q235

77. 切削加工时，工件材料抵抗刀具切削所产生的阻力称为（　　　）。

　　A. 切削力　　　　　B. 径向切削力　　　C. 轴向切削力　　　D. 法向切削力

78. 加工螺距为 3mm 圆柱螺纹，牙深为（　　　），其切削次数为七次。

　　A. 1.949　　　　　　B. 1.668　　　　　　C. 3.3　　　　　　　D. 2.6

79. 车削塑性金属材料的 M40x3 内螺纹，孔直径约等于（　　　）mm。

　　A. 40　　　　　　　B. 38.5　　　　　　C. 8.05　　　　　　D. 37

80. 若未考虑车刀刀尖半径的补偿值，会影响车削工件的（　　　）精度。

A. 外径　　　　　B. 内径　　　　　C. 长度　　　　　　D. 锥度及圆弧

81. 当工件加工后尺寸有波动时，可修改（　　）中的数值至图样要求。

A. 刀具磨耗补偿　　　　　　　B. 刀具补正

C. 刀尖半径　　　　　　　　　D. 刀尖的位置

82. 不符合文明生产基本要求的是（　　）。

A. 执行规章制度　　　　　　　B. 贯彻操作规程

C. 自行维护设备　　　　　　　D. 遵守生产纪律

83. 用来测量工件内外角度的量具是（　　）。

A. 万能角度尺　　B. 内径千分尺　　C. 游标卡尺　　D. 量块

84. 对于较长的或必须经过多次装夹才能加工好且位置精度要求较高的轴类工件，可采用（　　）方法安装。

A. 一夹一顶　　B. 两顶尖　　　C. 三爪卡盘　　D. 四爪卡盘

85. 主轴转速 n（r/min）与切削速度 v（m/min）的关系表达式是（　　）。

A. $n=\pi vD/1000$　　B. $n=1000\pi vD$　　C. $v=\pi nD/1000$　　D. $v=1000\pi Nd$

86. 编程加工内槽时，切槽前的切刀定位点的直径应比孔径尺寸（　　）。

A. 小　　　　　B. 相等　　　　C. 大　　　　　D. 无关

87. 球墨铸铁的组织可以是（　　）。

A. 铁素体+团絮状石墨　　　　B. 铁素体+片状石墨

C. 铁素体+珠光体+片状石墨　D. 珠光体+片状石墨

88. 关于尺寸公差，下列说法正确的是（　　）。

A. 尺寸公差只能大于零，故公差值前应表"+"号

B. 尺寸公差是用绝对值定义的，没有正、负的含义，故公差值前不用标"+"号

C. 尺寸公差不能为负值，但可以为零

D. 尺寸公差为允许尺寸变动范围的界限值

89. 在 G71P（ns）Q（nf）U（△u）W（△w）S500 程序格式中，（　　）表示 Z 轴方向上的精加工余量。

A. △n　　　　　B. △w　　　　　C. ns　　　　　D. nf

90. 润滑剂的作用有润滑作用、冷却作用、（　　）、密封作用等。

A. 防锈作用　　B. 磨合作用　　C. 静压作用　　D. 稳定作用

91. 镗孔精度一般可达（　　）。

A. IT5~6　　　B. IT7~8　　　C. IT8~9　　　D. IT9~10

92. 在使用（　　）指令的程序段中要用指令 G50 设置。

A. G97　　　　　B. G96　　　　　C. G95　　　　　D. G98

93. 切削脆性金属材料时，（　　）容易产生在刀具前角较小、切削厚度较大的情况下。

A. 崩碎切削　　B. 节状切削　　C. 带状切削　　D. 粒状切削

94. 操作面板上的"DELET"键的作用是（　　）。

A. 删除　　　　B. 复位　　　　C. 输入　　　　D. 启动

95. 符号键在编辑时用于输入符号，（　　）键用于每个程序段的结束符。

A. ES　　　　　B. EOB　　　　　C. CP　　　　　D. DOC

96. 在切断时，背吃力量 AP（　　）刀头宽度。

A. 大于　　　　B. 等于　　　　C. 小于　　　　D. 小于等于

97. 已知任意直线上两点坐标，可列（　　）方程。

　　A. 点斜式　　　　　B. 斜截式　　　　　C. 两点式　　　　　D. 截距式

98. 标注线性尺寸时，尺寸数字的方向应优选（　　）。

　　A. 水平　　　　　B. 垂直　　　　　C. 在尺寸线上方　　　D. 随尺寸线方向变化

99. 普通三角螺纹的牙型角为（　　）。

　　A. 30°　　　　　B. 40°　　　　　C. 55°　　　　　D. 60°

100. 敬业就是以一种严肃认真的态度对待工作，下列不符合的是（　　）。

　　A. 工作勤奋努力　　　　　　　B. 工作精益求精

　　C. 工作以自我为中心　　　　　D. 工作尽心尽力

试题一 凸圆弧螺纹轴

（1）本题分值：100 分。

（2）考核时间：120 分钟。

（3）具体考核要求

① 现场笔试：制订工艺及编程 （25 分）

职业	数控车工	考核等级	HNCT0001		姓名：	得分	
数控车床工艺简卡					机床编号		
					准考证号		
工艺名称及加工程序号	工艺简图 （标明定位、装夹位置） （标明程序原点和对刀点位置）				工步序号及内容	选用刀具	
					1		
					2		
					3		
					4		
					5		
					6		
					7		
					8		
					9		
					1		
					2		
					3		
					4		
					5		
					6		
					7		
					8		
					9		
监考人				检验员			
日 期				考评人			

② 现场操作

a. 工夹具的使用　　　　（3 分）

b. 设备的维护保养　　　　（7 分）

c. 数控车床规范操作　　　（60 分）

d. 精度检验及误差分析　　（5 分）

按附图 1 所示的零件图完成加工操作。

考件编号：＿＿＿＿＿＿＿＿＿＿

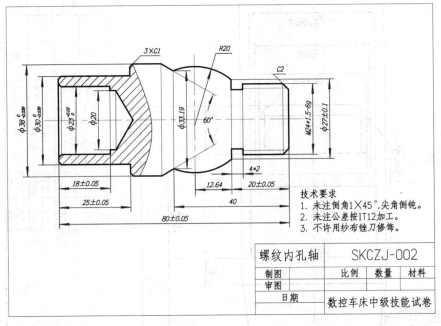

附图 1　零件图

（4）否定项说明：直径尺寸精度 IT7 级出现两处超差及程序原点和对刀点位置错误时，视为不及格。

试题二　数控车床中级操作技能考核模拟试卷

考件编号：＿＿＿＿＿姓名：＿＿＿＿＿＿准考证号：＿＿＿＿＿＿＿＿单位：＿＿＿＿＿＿

（1）本题分值：100 分。

（2）考核时间：180 分钟。

（3）具体考核要求：按附图 2 所示的工件图样完成加工操作。

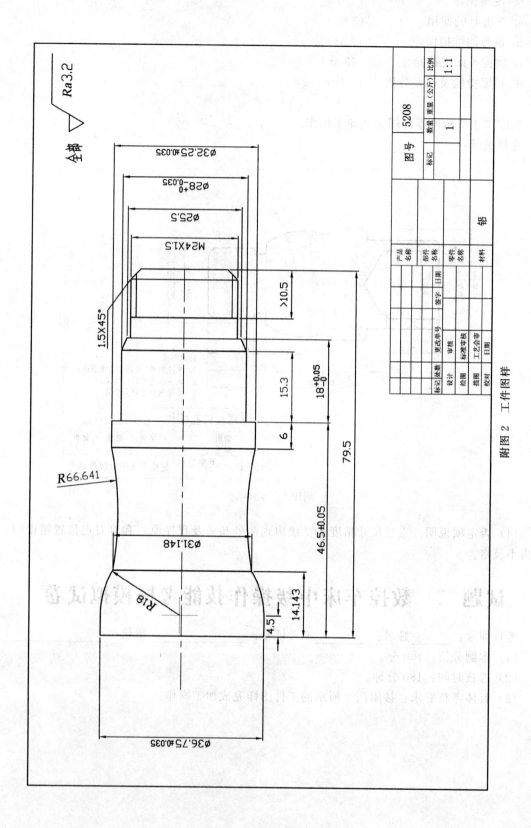

附图 2　工件图样

（4）操作技能考核总成绩表

序号	项目名称	配分	得分	备注
1	现场操作规范	10		
2	工序制定及编程	40		
3	工件质量	50		
合　　计		100		

（5）现场操作规范评分表

序号	项目	考核内容	配分	考场表现	得分
1	现场操作规范	工具的正确使用	2		
2		量具的正确使用	2		
3		刃具的合理使用	2		
4		设备正确操作和维护保养	4		
合计			10		

（6）工序制定及编程评分表

序号	项目	考核内容	配分	实际情况	得分
1	工序制定	工序制定合理，选择刀具正确	10		
2	指令应用	指令应用合理、得当、正确	15		
3	程序格式	程序格式正确，符合工艺要求	15		
合计			40		

（7）工件质量评分表

序号	项目	考核内容		配分 IT	配分 Ra	检测结果	得分
1	长度	79.5		3			
2		46.5 ± 0.05		4			
3		$18^{+0.05}$		4			
4		15.3		4			
5	直径	$\phi 36.75 \pm 0.035$		5			
6		$\phi 32.25 \pm 0.035$		5			
7		$\phi 28^{-0.035}$		5			
8		$\phi 25.5$		4			
9	轮廓	$R66.641$	$Ra3.2$	3	3		
10		$R18$	$Ra3.2$	3	3		
11	螺纹	$M24 \times 1.5$		4			
合计				44	6		

评分人：　　　　年　月　日　　　　核分人：　　　　年　月　日

（8）材料准备

名　称	规　格	数　量	要　求
45#钢或铝	$\phi40\times83$	1根/每位考生	材料调质

（9）设备准备

名　称	规　格	数　量	要　求
数控车床	根据考点情况选择		
卡盘扳手	相应车床	1副/每台车	
刀架扳手	相应车床	1副/每台车	
软爪			

（10）考场准备

考核要求	准　备　内　容
工位要求	考场面积每位考生一般不少于8平方米
	每个操作工位不少于4平方米，过道宽度不少于2米
	每个工位应配有一个0.5平方米的台面，供考生摆放工量刃具
	每个工位应配有课桌、椅，供考生编写程序
	考场电源功率必须能满足所有设备正常启动工作
	考场应配有相应数量的清扫工具，油壶、棉丝
	考场需配有电刻笔，机床应有明显的工位编号
人员要求	监考人员数量与考生人数之比为1∶10
	每个考场至少配机修工、电器维修工、医护人员各1名
	监考人员、考试服务人员必须于考前30分钟到考场

（11）考场安全

项目	准　备　内　容
场地安全	场地及通道必须符合国家对教学实训场所的规定
	场地及通道内必须配备符合国家法令的消防设施
	所有的电气设施必须符合国家标准
	必须保证考核使用设备的安全装置完好
人员安全	监考人员发现考生有违反安全生产规定的行为要立即制止，对于不服从指挥者，监考人员有权中止其考试，并认真做好记录
	考生及监考人员必须穿戴好安全防护服装
	考场必须在开始考试前对考生进行必要的安全教育
	考场应准备一定的急救用品

（12）刀具量具

序号	名　　称	型　　号	数量	要　　求
1	93°外圆车刀（右偏）	相应车床	自定	刀尖角35°
2	93°外圆车刀（左偏）	相应车床	自定	刀尖角35°
3	45°端面车刀	相应车床	自定	
4	常用工具和铜皮	自选	自定	
5	外螺纹车刀	60°	1	
6	外径千分尺	0.01/25～50　75～100	各1	
7	游标卡尺	0.02/0～200	1	
8	数显卡尺	0.01/0～150	1	
9	螺纹环规	M24×1.5	1	
10	计算器	自选	1	
11	草稿纸	自选	自定	

试题三　数控车床中级工技能测试题

一、数控车床中级工技能测试题零件图（附图3）

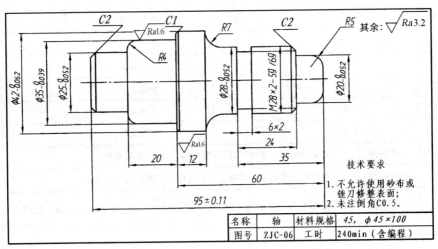

附图3　轴零件图

二、考核目的

（1）掌握一般轴类零件的程序编制。

（2）能合理采用一定的加工技巧来保证加工精度。

（3）培养学生综合应用的能力。

三、编程操作加工时间

（1）编程时间：90min（占总分30%）。

（2）操作时间：150min（占总分70%）。

四、评分表

检测项目		技术要求		配分	评分标准	检测结果	得分
外圆	1	$\phi 42^{0}_{-0.062}$	$Ra1.6$	6/4	超差 0.01 扣 3 分，降级无分		
	2	$\phi 35^{0}_{-0.039}$	$Ra1.6$	6/4	超差 0.01 扣 3 分，降级无分		
	3	$\phi 28^{0}_{-0.052}$	$Ra3.2$	4/2	超差，降级无分		
	4	$\phi 25^{0}_{-0.052}$	$Ra3.2$	4/2	超差，降级无分		
	5	$\phi 20^{0}_{-0.052}$	$Ra3.2$	4/2	超差，降级无分		
圆弧	6	$R7$	$Ra3.2$	4/2	超差，降级无分		
	7	$R5$	$Ra3.2$	4/2	超差，降级无分		
	8	$R4$	$Ra3.2$	4/2	超差，降级无分		
螺纹	9	M28×2−5g/6g 大径		2	超差无分		
	10	M28×2−5g/6g 中径		6	超差 0.01 扣 4 分		
	11	M28×2−5g/6g 两侧 $Ra3.2$		4	降级无分		
	12	M28×2−5g/6g 牙形角		3	不符无分		
沟槽	13	6×2 两侧 $Ra3.2$		2/2	超差，降级无分		
长度	14	55 两侧 $Ra3.2$		3/2	超差无分		
	15	60		3	超差无分		
	16	35		3	超差无分		
	17	24		3	超差无分		
	18	20		3	超差无分		
	19	12		3	超差无分		
倒角	20	C2		2	不符无分		
	21	C1		2	不符无分		
	22	未注倒角		1	不符无分		
其他	23	工件完整	工件必须完整，工件局部无缺陷（如夹伤、划痕等）				
	24	程序编制	有严重违反工艺规程的取消考试资格，其他问题酌情扣分				
	25	加工时间	100min 后尚未开始加工则终止考试，超过定额时间 5min 扣 1 分，超过 10min 扣 5 分，超过 15min 扣 10 分，超过 20min 扣 20 分，超过 25min 扣 30 分，超过 30min 则停止考试				
	26	安全操作规程			违反扣总分 10 分/次		
总 评 分				100	总得分		

零件名称：		加工日期	年 月 日
加工开始：　　时　　分	停工时间　　　分钟	加工时间	检测
加工结束：　　时　　分	停工原因	实际时间	评分

五、工、量、刃具准备通知单

序号	名 称	规 格	数 量	备 注
1	千分尺	0～25mm	1	
2	千分尺	25～50mm	1	
3	游标卡尺	0～150mm	1	
4	螺纹千分尺	25～50mm	1	
5	半径规	$R1$～$R6.5$ mm	1	
6		端面车刀	1	
7	刀具	外圆车刀	2	
8		螺纹车刀 60°	1	
9		切槽车刀	1	宽 4～5mm，长 23mm
10		1. 垫刀片若干、油石等		
11	其他辅具	2. 铜皮（厚 0.2mm，宽 25mm，长 60mm）		
12		3. 其他车工常用辅具		
13	材料	45 钢 $\phi45\times100$　一段		
14	数控车床	CK6136i		
15	数控系统	华中数控世纪星、SINUMERIK802S 或 FANUC-OTD		